女性自我觉醒与成长手册

高敏感女性的力量

The Power of Highly Sensitive Women

[意] 弗朗西斯卡·桑塔玛丽亚·帕洛姆博
(Francesca Santamaria Palombo) ——著
黄鑫——译

中国经济出版社
CHINA ECONOMIC PUBLISHING HOUSE
·北京·

图书在版编目（CIP）数据

高敏感女性的力量 /（意）弗朗西斯卡·桑塔玛丽亚·帕洛姆博著；黄鑫译. -- 北京：中国经济出版社，2024.8

ISBN 978-7-5136-7770-7

Ⅰ. ①高… Ⅱ. ①弗… ②黄… Ⅲ. ①女性 - 成功心理 - 通俗读物 Ⅳ. ①B848.4-49

中国国家版本馆 CIP 数据核字（2024）第 095632 号

引进书版权合同登记号：图字 01-2024-0552

责任编辑　王　帅
责任印制　马小宾
封面设计　源画设计

出版发行　中国经济出版社
印 刷 者　三河市万龙印装有限公司
经 销 者　各地新华书店
开　　本　880mm × 1230mm　1/32
印　　张　8.5
字　　数　140 千字
版　　次　2024 年 8 月第 1 版
印　　次　2024 年 8 月第 1 次
定　　价　56.00 元
广告经营许可证　京西工商广字第 8179 号

中国经济出版社　**网址** www.economyph.com　**社址** 北京市东城区安定门外大街 58 号　**邮编** 100011
本版图书如存在印装质量问题，请与本社销售中心联系调换（联系电话：010-57512564）

中文版序

一切从这里开始——致我的中国读者

亲爱的女英雄、女斗士：

感谢你购买我的书，也感谢你给予我信任。

有件事我必须向你坦白：我一直热爱东方文化，当听到我的书将被译成中文的消息时，我欣喜若狂。

如果你发觉自己观察和感知到的外部世界“太多了”，如果你需要给自己更多的空间来更深入地了解自己，那么这本书正是献给你的。

在这里，你会看到我的故事，以及我在心理治疗过程中有幸帮到的许多女英雄和女斗士的故事，也许你可以从我多年的研究成果中获得一些启发，学到一些技巧。

正如我常说的，敏感是一种天赋，是一种巨大的力量。

有缘千里来相会。

我想，尽管我们的文化不同，但高敏感性是联结我们的一条纽带。

作为一位高敏感女性，你一定面临过许多挑战，并总是深陷其中，你也一定经历过很多痛苦时刻。

我非常理解你。

也许，你总是深深地感受并觉知生活的每一个细微之处，你相信的世界是一个公正的理想的世界，你努力在每一个领域都做到最好。

这种完美主义的追求一直伴随着你，但总有那么一刻，你感到超负荷了，又空落落的，问自己到底是谁，问自己的价值观究竟是什么。

这本书将陪伴你踏上一段小小的旅程，它是一个可以放在抽屉里的忠实伴侣，每当你感到疲惫、遭受痛苦、想要评估事态的时候，随时都可以向它求助。

我希望我能带给你所有你想要的答案，我将尽最大努力在这条美妙的成长之路上陪伴你。

永远记住你的价值观，永远相信你自己，每时每刻。

给你一个大大的拥抱，我为你喝彩。

满怀爱、尊重与感激

弗朗西斯卡·桑塔玛丽亚·帕洛姆博 博士

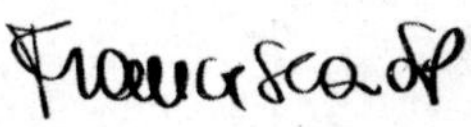

引言

二月寒冷的一天，当我写下这些文字的时候，面对眼前的空白页我既兴奋又忐忑。

在这本书中，我会跟你聊聊我和我的故事，因为我相信通过我——一名高敏感者（Highly Sensitive Person，HSP*[①]）女性的经历，可以帮助你认识到或许你跟我一样拥有天赐的礼物。是的，高敏感性就是一份珍贵的礼物。我也会向你介绍一些我在心理治疗中有幸陪伴的女性的故事（当然，已作适当修改，以尊重来访者的隐私）。

① 本书带*的词语，在后章“术语汇编”有详细解释。

我还将分享一些技术、策略和方法，希望它们对于你的成长、认知和改变之路有所帮助。

因此，女英雄、女斗士，你好！首先，我想要感谢你决定阅读这本书。

女英雄！女斗士！请允许我这样称呼你，因为我相信被这个称呼吸引的你，一定是在某种意义上感受到了召唤。这本书也许是你自己买的，也许是你的朋友或亲近的人选来作为礼物送给你的，因为考虑到你独特的敏感性，他们相信这本书对于你应对生活中的各种挑战将会有所帮助。无论是哪种情况，我相信这个由“高敏感”“力量”——看似“相悖”的两个词构成的标题一定会激发你的兴趣与好奇心。

- 高敏感：对周围世界的每一个细节都有强烈感知的人，通常被误认为是软弱的、古怪的、脆弱的。
- 力量：这个概念通常与自信、坚强、有决心、能够实现自己的梦想、可以达成自己目标的人联系在一起。

因此，我理解对这两个词的联想可能会让你感到有些困惑，但这正是我的目标，即帮助你发现你所拥有的天赐礼物的力量。

很可能你已经读过一些相关主题的书籍，但并未找到一个真正令你满意的答案，以及真正能帮你解决问题的具体方法。

以下是一些你可能已经问过自己的问题，而我将帮助你找到答案。

- 高敏感女性能够充分欣赏自己的这份天赐礼物吗？
- 我所拥有的真的是一份礼物吗？
- 我如何克服我的那些危机时刻？
- 我将会真正了解自己吗？

欢迎你开启这个新旅程。

目　录
CONTENTS

第 1 章

跟你聊聊我吧

在我开始向你讲述一些我的事情——我的童年、我的青春，以及我如何发现自己的天性之前，我想先给你讲一个小故事，它将有助于你从这本书开始迈入成长、认知与改变之路。

国王与两只猎鹰的故事

有一天，一位伟大的国王收到了一份礼物——两只猎鹰。

“我要把它们训练成狩猎标兵。”他边说边把它们交给驯鹰师，让他去好好饲养训练。

几个月后，驯鹰师来到宫廷。“陛下，”他说，“两只猎鹰中的一只已经训练有素，做好狩猎准备了。”

“那另一只呢？”国王问。

“我很抱歉，陛下，另一只猎鹰的行为颇令人费解，自从它被放在第一天栖息的那根树枝上后，就没人能再把它从那里移动半步。没准儿它是患上了某种我们无法治愈的未知疾病。为了养活它，仆人还得每天爬上去给它喂食。”

国王召集了所有兽医、治疗师和各种各样的专家，但没有人能让这只猎鹰再飞起来。

于是，他把这项任务交给了宫廷里的所有成员，包括最威武的将军们、最睿智的幕僚们，但是，他们也都无计可施，猎鹰依然没有离开它的树枝。

国王无奈地透过他房间的窗户看着树上一动不动的猎鹰。

有一天，他决定发布一份公告，向他的臣民们寻求帮助，以解决这个令人困扰的问题。

第二天清晨，当国王打开窗户的时候，他万分惊奇地看到猎鹰正高傲地飞过花园里的大树。

“把这个奇迹的创造者给我带来。”他命令道。

很快，一位年轻的农民被带到国王面前。

“你就是那个让猎鹰飞起来的人吗？你是怎么做到的？你是魔术师吗？”国王问道。

有点儿胆怯又有点儿欣喜的年轻人解释道：“这并不难，陛下，我只是把那根树枝剪断了。”

对于一位心理治疗师来说，讲述自己的故事绝非易事，这是因为我们所接受的训练告诉我们应该为倾听“他人”的故事留有空间；另外，我的性格、我的个性也无助于此：因为每当我开始谈论自己的时候，我都会脸红、会兴奋、会僵硬。几天来，我一直在努力思考，想弄明白从哪里开始最好。最终，我决定从头开始，从所有那些让我发现自己“高敏感性”的小信号开始，即使我无法给出确切的解释，但在某种程度上我确实是“与众不同的”。

一直以来，我都是一个容易害羞、爱做梦、时常自省的孩子。但我也有寻求良好社交关系的外向时刻。与此同时，我对我所生活的世界中的不公正具有高度的敏感和深深的同情，而且我非常容易被感动。我在学校里的朋友不多，都是经过挑选的。

上小学的前几年，我所有科目的成绩都很好，但后来越来越差，甚至在五年级时，我只得到了一个可怜的“良好”。我至今还记得一年级的作业和第一次在数学测试中得到的“优秀”。那时，我虽然很高兴，但恐惧也悄悄潜入我的心，我开始担心自己其实不够好。事实上，从很早开始，所谓的“冒名顶替者综合征*”就在我的生活中显露苗头：大家都认为我很好，但我总会觉得自己根本不配得到这个成绩！我感到非常焦虑不安，害怕无法做到，害怕“被发现”。

你知道，这个世界的人总是会迅速做出评判，并试图给一切事物贴上标签，尤其是那些看起来“与众不同”的东西。后来，我清楚地明白，我们自己才是对自身最严苛的评判者。这么多年来，这感觉对我来说无比真实。

尽管我是一个拥有幸福家庭，具有独立价值观且深受宠爱的孩子，但我依旧很难表达自己的感受，很难让我最真实的内心想法展现出来。渴望被关注和被认可的那部分我表现得近乎过度，而另一部分的我却毅然决然地选择退缩到“壳子”里。

当我回想起童年在乡村，与动物、亲人和我不断发明的好玩的游戏在一起的最美妙时光，我能深切感受到自己是多么满足和快乐，但旋即，那些悲伤时刻的记忆又会被悄然唤起。从很小的时候起，我就开始思考生命的意义，尤其是死亡的意义，我不断追问自己看到了什么，感受到了什么。如果有那么哪怕一点点摩擦、困难或紧张，我都会立即抓住它们，并倾向于将我感受到的所有情绪躯体化[①]。

我经常遭受剧烈的腹部绞痛，尤其是当我在学校被提问的时候，或者当我面对很多人的时候，再或者当我认为我做不到的时候。学校并不适合我。我会在课堂上走神儿，常常对窗外的云卷云舒心驰神往。对飘过的每一朵云彩，我都会有一种神奇的联想。我记得很清楚，在那些时刻，我的呼吸是平静而放松的。这种我与自己合为一体的感觉很好。当时我并不知道自己是在以一种完全本能的方式将乔恩·卡巴特－津恩[②]（Jon Kabat–Zinn）的正念原则付诸实践。

问题在于，在上课时间而不是在休息或其他时间的走神儿行为其本质是一种逃避*形式。正是这种逃避，使我在日记中能够开心地记上一笔。这则日记在我家没有引起任何惊诧，也没有责备，只有咯咯的笑声。事实上，爱走神儿只是我性格中一个众所周知的特征。我很难聚精会神，只有当一个话题真正吸

---

①**译者注：**躯体化（somatization）是指一个人本来有情绪问题或者心理障碍，但却没有以心理症状表现出来，而是转换为以各种躯体症状表现出来。

②**作者注：**乔恩·卡巴特－津恩是一名美国医生，他在马萨诸塞大学医学院创立了减压诊所和正念医学保健与社会中心。他将源自佛教和瑜伽冥想的正念概念同医学与心理治疗学科相结合创发了“正念减压疗法”，该方法在世界各地广泛传播。

引我的时候，我才能保持专注。

家，是能让我感到绝对安全的避难所，是我画画、玩电脑或听歌的地方。我只喜欢和少数几个我完全信任的人待在一起。常规、舒缓而轻松的节奏可以给我很大的安全感。我不得不说，直到今天，仍是如此。

有件事结束了我的躯体化，或者更确切地说，让我得到了一个很好的喘息机会——大约一个半月的休学时间，对我来说真是一次天赐良机。

那是在我 9 岁那年，我因腹膜炎而紧急住院。我仍然记得医生们紧张不安的面孔，因为情况比预想的要严重得多；我还记得当我躺在担架上，极其焦心的父亲问我“在战胜了这个巨大挑战后，你想要什么礼物”的那一刻，我毫不犹豫地说：“Game · Boy”[①]（游戏男孩）。

在手术室，我遇到了一位很棒的医生，他和我一样来自意大利中部拉齐奥大区弗罗西诺内省的卡西诺（Cassino）。

“我知道你很害怕，”他对我说，“但你不用害怕，现在我要给你麻醉，这样我就可以切除你生病的阑尾了。你得想点好事

① **作者注：** Game · Boy 是由任天堂开发并制造的游戏机。

儿，因为一切都会好起来的。而且，我还要告诉你一个秘密：从我给你麻醉的那一刻起，你就可以幻想你渴望的一切。”

“哇哦。”尽管有些害怕，但还是觉得医生告诉我的这个事儿几乎神奇得难以置信。

我平静地对他说：“现在，我和我哥哥正在玩《超级马里奥兄弟2》①（*Super Mario Bros.* 2），里面有个角色是一位勇敢的公主，她正在和一条恶龙搏斗！”“很好，”医生回答说，“现在，你就是那位公主。答应我，你一定要和恶龙搏斗，好吗？”

“当然啦！”

我清楚地记得我被麻醉的那一刻和我做的梦，我真的进入了我最喜欢的电子游戏。醒来时，我发现全家人都在我身边，而父亲给了我他承诺的礼物。

在康复的那个月，虽然我还很小，但我明白了一件极其重要的事情：想象力可以让我们变得勇敢，帮助我们战胜一切。

在那一刻，我成了我心中的超级英雄，即基于接纳与承诺疗法的超级英雄疗法*。我意识到，无论疼痛或伤疤有多深，我

①**作者注：**《超级马里奥兄弟》是任天堂公司开发并于1985年出品的著名横版过关游戏，最早在红白机上推出，有多款后续作品，迄今多个版本总销量已突破5.4亿套。

总能把它变成对自己的挑战。一个超级英雄不仅会战斗，他还知道如何让自己的与众不同成为自己最大的财富。

就这样，一天又一天，日子过得飞快：我长大了，长成了一名花季少女。关于青春期，和所有人一样，我清楚地记得美妙时刻与极其复杂的艰难时刻在那段时光里交替出现。那个时候，我并不喜欢自己，我总是希冀在他人身上找寻本该在自己内心找到的安全感。

我想要“重要的”友谊和纽带，然而一方面我以过分理想化的方式去寻求，另一方面我又倾向于满足我已拥有的。

毕竟，并没有人给我们一本生活指南，因此，真正了解自己的天性，发现真实的自己，尤其在那个复杂微妙的年龄阶段，并不容易。我很没有安全感，很害羞，很小心翼翼，因此我花了很长时间才开始接纳自己，才开始爱自己。另外，那些年，我失去了一些对我来说极为重要的人，伤痛和失望始终伴我左右。我现在确信，这些伤痛和失望不知为何总是被一种奇怪的空虚感和我内心“与众不同”的感知所青睐。

那时的我觉得自己像一只“丑小鸭”，我的那些特点让我觉得自己与现实中的我相去甚远。现在我知道我有一个独特的、丰盈的、富有想象力的内心世界，但在那时我几乎没有让它显露出来，可以说我身边只有 1% 的人能意识到它的存在。当然，这是因为我极度缺乏安全感，使我并没有意识到自己拥有这份珍贵的礼物，所以我无法认可自己应有的价值，于是也无法让别人感受到。

到这里，我们就需要深入讨论下自尊、自我效能感[①]（self efficacy）与自我接纳。我可以向你们负责任地说，我的自我接纳之路非常漫长，也来之不易，那是一项令人疲惫不堪且深刻的内心自省工程。当我认识到我的价值观，并且也意识到哪些是我不想让其继续成为我生活的一部分时（因为它们只会让我感到不适），成果便显现了。

因此，渐渐地，那些旧有的失望，那些经年的创伤，变成了令我收获内在成长的重要一课。

直到今天，我仍能想起那个十几岁的女孩为了一段无疾而终的感情，为了使自己的理想获得认可，为了接纳自己的外表、体重和身材所承受的痛苦挣扎。

---

①**译者注：** 自我效能感指个体对自己是否有能力完成某一行为所进行的推测与判断。这一概念由美国著名心理学家班杜拉于 20 世纪 70 年代在其著作《思想和行为的社会基础》中提出。班杜拉对自我效能感的定义是“人们对自身能否利用所拥有的技能去完成某项工作行为的自信程度”。从 20 世纪 80 年代中期开始，自我效能感理论得到了丰富和发展，也得到了大量实证研究的支持。

每当我想到“她”的时候，我都想拥抱“她”、安慰“她”，并真诚地告诉“她”：“她”会成功的，“她”会实现自己的梦想，“她”会在这个世界上赢得自己的一席之地，并与那些珍爱“她”的人在一起。

要达到这个幸福的结局，只有一个途径，那就是发自内心地接纳自己。

虽说，我们是与众不同的，我们拥有绝不应浪费的特殊天赋，但关键是要给自己足够的时间，并且要记住：有时候解决办法其实就在我们眼前，就像国王与两只猎鹰的故事一样。我们就像那只还未飞翔的猎鹰，仅仅需要一个“推动力”，而一旦飞翔，就将为世界做出巨大贡献。

就我而言，与自己的方方面面建立联结并不容易，因为有些方面我是有意避开并逃离的，对，逃离。

多年来，我一直在伪装自己：把自己伪装成与其他人一样。但在那些时刻，我比以往任何时候都更感到一种不可思议的空虚，那是一种我还没有准备好接纳自己的感觉。

“你越努力不去感受令人不愉快、不舒服的感觉，比如疼痛，你就越能强烈地感受到它，并且以前那些觉得是中性的事情也会变得令人生厌了。”[①]

所以，你必须知道，即使在倒霉的日子，你也永远不要觉得是自己错了！

波利安娜[②]是我小时候非常喜欢的一部动画片的女主角，她既能享受美好，也不回避负面情绪。例如，在一次严重的事故后，她的双腿不能动了，但她仍然可以发现水晶吊灯的美丽，可以欣赏和享受光线穿透水晶折射而成的彩虹。

“轻盈并非肤浅，而是心上无巨石，滑翔在高处。”

——伊塔洛·卡尔维诺[③]（Italo Calvino）

---

① **作者注：**乔菲和霍洛威，1993 年。

②**作者注：**《波利安娜》是一部日本系列动画片，改编自美国著名儿童文学作家埃莉诺·霍奇曼·波特（Eleanor H. Porter）的同名小说。主角是一个 8 岁的女孩，她和她的父亲（圣公会牧师）住在一起。他教她“幸福的游戏”，让她即使在逆境中也能始终看到事物积极的一面。

③**译者注：**伊塔洛·卡尔维诺（1923—1985），意大利当代作家。主要作品有小说《分成两半的子爵》《树上的男爵》《不存在的骑士》等。

小时候，我很喜欢风筝。也许是受到玛丽·波平斯[①]（Mary Poppins）的影响，我在这个神奇的游戏中看到了轻盈，看到了让所有问题随风而去的渴望，看到了变换色彩、方向和路线的可能性，以及必须接受等待的现实：起风时，风筝趁势高飞，瞧，看到了吗！而无风时，风筝就永远不可能腾空而起。

即便到了十几岁，我也常常放风筝，尤其是当我去海滩的时候。从中我认识到，有时候要想飞起来，就必须“依从风的意志”。有的日子最适合放风筝，有的日子最适合在海浪中奔跑，而有的日子最适合沐浴在阳光下做做其他事情。

经年来，我学会了爱自己，学会了放下那些已经远去的友谊和情感，也学会了接受失望与时光的悄然流逝。

正是通过这个缓慢的过程，我一点一点地认识了自己，我开始慢慢成熟，并为自己选择了最适合的成长道路。

①**译者注：**玛丽·波平斯是英国作家特拉弗斯童话系列里的主人公。特拉弗斯出生于澳大利亚，后移民英国。1933 年，她创作了奇幻文学作品《随风而来的玛丽阿姨》。1964 年，美国迪斯尼公司将该作品搬上了银幕。随后，玛丽阿姨在欧美国家成了家喻户晓的人物形象。

我是怎样发现自己是高敏感者的

在大学学习和专业学习期间，我常常在城市图书馆穿梭于众多作者与各种流派之间，我阅读了大量书籍，与文字热切拥抱。

我需要搞懂学习，也需要搞懂自己，我知道这会帮助我克服所遭受的巨大失望，并找到让自己重新振作的力量。我想要重新思考我人生的各个阶段，包括一些触动我并令我深陷其中的重大事件。

我的阅读涉及心理学、哲学和个人成长。我也开始尝试写作，还写了挺多，主要讲述我的梦想和我性格的方方面面。

我已然意识到，高敏感性是我性格的一个基本特征。我创造了某种盔甲，因为我知道这能让我被周围的环境接受。我经常去健身房，非常注重身体护理；为了在大学取得优异成绩，我花费足够多的时间认真学习，并阅读各种报纸和杂志。

我是个“展品”，我创造了一个虚假的自我，因为我对人际关系缺乏兴趣（由于过往的失望），所以逃避给我带来极大安全感。

我对自己的进步感到高兴，然而，却觉得自己并不真实，因为我没有尊重自己最亲密和最脆弱的那部分。

我不想再让任何人伤害我，但是我的这种自我保护的方式在相当长的一段时间里阻止了真正爱我的人走近我，我无法与他们建立更深层次的联结。只有我的家人，特别是我的哥哥，真正了解我。

但幸运的是，这一切注定会改变。我爱上了那个会成为我丈夫的男人，他从一开始就接受了我最真实的那部分。

多亏了像我一样高度敏感的他，也多亏了和我的心理治疗师一起走过的那段非凡旅程，我学会了面对自己无法忍受的那部分。

因此，我能够处理所谓的“突发事件”——焦虑、恐惧和脆弱的时刻，拒绝与内疚，以及所有我过去不想解决的问题。

当我读到卡尔·古斯塔夫·荣格[①]（Carl Gustav Jung）的作品时，我开始重新认识自己，我不再认为自己是如此不同和不足，我终于明确地意识到自己拥有一份伟大的天赐礼物。

随后，我对美国心理学家伊莱恩·阿隆[②]（Elaine Aron）在20世纪90年代所做的研究产生了浓厚兴趣，并发现高敏感性并不是一种病症，而是15%~20%的人与生俱来的特征。

阿隆用首字母缩写DOES来定义高敏感性：

“D”，即depth，指处理深度。HSP以放大的方式处理每一种体验。

“O”，即overstimulation，指过度刺激。因极度关注周围世界的每一个细节，而更易过载和疲劳。

---

①**译者注：**卡尔·古斯塔夫·荣格（1875—1961），瑞士心理学家。1907年开始与西格蒙德·弗洛伊德合作，发展及推广精神分析学说长达6年之久，之后与弗洛伊德因理念不和分道扬镳，创立了荣格人格分析心理学理论，提出“情结”的概念，把人格分为内倾和外倾两种，主张把人格分为意识、个人无意识和集体无意识三层。曾任国际心理分析学会会长、国际心理治疗协会主席等，创立了荣格心理学学院。

②**译者注：**伊莱恩·阿隆在多伦多约克大学获得临床心理学硕士学位，在太平洋研究生院获得临床深度心理学博士学位，并在旧金山C.G.荣格研究所实习。除了在1991年开始研究高度敏感的先天气质特征，她和她的丈夫阿特·阿隆（Arthur Aron）博士还是研究爱情和亲密关系心理学的两位领先科学家。他们也是使用功能性磁共振成像研究敏感性和爱情的先驱。她在加利福尼亚州米尔谷开设了一家小型心理治疗诊所。

"E"，即 emphasis，指强调。研究表明，HSP 的镜像神经元[①]具有更高的活性，这导致他们倾向于将他人的情绪视为自己的情绪。

"S"，即 sensitivity to subtle stimuli，指对细微刺激的敏感性。对每一个微小细节敏感。

"——你真是个爱哭鬼!

——别耍小孩子脾气!

这些是来自过去的声音吗?

那么，对这些话更好的解释是：'你有些过于敏感了，所以你很难开心起来。'

如果你们像我一样，可能也听过很多次这样的话，可能也会认为自己身上有些什么不同于常人的东西。

就连我也曾确信自己有一个基本缺陷，我必须把它隐藏起来，这使我只能在生活中把自己放在次要位置。我认为都是我

①**译者注：**人类有一群被称为"镜像神经元"(mirror neuron) 的神经细胞，激励我们的原始祖先逐步脱离猿类。它的功能正是通过反映他人的行为，使人们学会从简单到复杂的模仿，由此逐渐发展了语言、音乐、艺术、使用工具等。

的错。”

——伊莱恩·阿隆

阿隆的研究对于我个人，以及我乐于接待的患有内化性问题[①]（internalizing problems）的儿童、青少年和成年人，都具有重要意义。也许是因为我从他们身上也看到了自己，关注他们、帮助他们让我感觉很好。

①**译者注：**内化性问题指发生在“个体内部”，被称为“过度控制的、过度抑制的或害羞—焦虑”问题，抑或是情绪问题，如恐惧、躯体主诉、担心、害羞等心理异常症状。有这类问题的儿童、青少年和成年人通常将问题内部化，从而给自己带来严重的内心痛苦。

@psicobenesserealfemminile 的诞生

3 年前的一个夏日午后，我的一位好朋友以超低价格卖给我一部最新款的智能手机。

“你会发现，你可以用它做很多事情，像你这样的专业人士绝不应错过这样一部手机！”

于是，尽管将信将疑，我还是丢下了刚刚显露些许故障的旧手机。我从不赶时髦，在那之前，我只使用过非常经济实惠的手机，并且坦率地说，我从来不认为手机是一种于工作有益的工具。

那时，我做着一份我喜欢的工作，我是一名心理学者，并即将成为一名心理治疗师。我在一个心理中心工作，每天都能看到很多孩子和他们的家人，我对我所取得的成就感到心满意足。

然而，我总觉得缺少某些东西——一个突破口，一个切入点。因为我感觉自己没有尽我所能地为患者提供帮助和支持，我知道我可以做得更多。

就在那时，我发现一些心理学家和心理治疗师已经开始在网上工作。于是，我开始不断思索：也许我也可以采取同样的方式。

就这样，那部几乎是临时起意而购买的智能手机开启了我职业生涯的一个新阶段。

我熟悉了它的各种功能，重新安装了 Instagram 应用程序，这次不再有任何内存问题或 bug，我还用它拍摄了高清照片。

我每天都发一篇帖子，慢慢地，很多人尤其是女性，开始关注我，并向我提出各种问题以寻求建议。

直到有一天，我怀着紧张又激动的心情，做了我的第一场直播。

所以，我最初叫作 @francescasantamariapalombo（弗朗西斯卡·桑塔玛丽亚·帕洛姆博）的个人账户名，变成了 @psicobe-nesserealfemminile（女性心理健康）。

选定这个名字可以说是迅速的，完全出于本能的，然而在这个选择的背后，也同样有一个故事。

15 岁时，我去意大利中部拉齐奥大区拉蒂纳省的福尔米亚（Formia）看牙医。那段时间，我不得不经常去那里，然而出人意料的是，在某种程度上我竟很高兴能去那里。事实上，那是因为候诊室里有很多杂志。在等待的时候，我贪婪地阅读杂志，尤其是那些与女性相关的杂志，我期待能在那里找到一直困惑着我的那些问题的答案。然而，在那时以及之后，我都会常常问自己："为什么杂志里专门探讨女性心理的章节那么少呢？我在哪里可以找到我想要的答案呢？"

嗯，不得不说，我一直在找寻的很多答案（或者至少是其中一部分）是从我在高中学习的哲学，在大学学习的心理学，以及我所从事的各种研究中找到的。是 @psicobenesserealfemminile 和心理治疗面谈帮助我拨开迷雾，从而清楚地意识到我是一个高敏感者的。

我很高兴在我的主页上所讨论的主题都与始终困扰着我的那些问题相关。

我全身心地投入阅读和学习中，并更加坚定地深入探索 HSP 世界。没过多久，我就开设了一个工作室，通过线上线下的不同形式为高敏感女性提供帮助。

后来，我的工作团队因露琪亚（一位可贵的合作伙伴，也是一位非常优秀的平面设计师和插画师）的加入而更加充实，她主要负责我的线上页面设计与维护。另外，我丈夫也作为法律和行政顾问为我提供重要支持。

同样重要的是，我和我的哥哥（神经精神病学家和心理治疗师）共同在心理学和心理治疗领域开展的工作和研究。在与他们共事的过程中，无论是从个人角度还是从专业角度，我都在不断成长。也正是由于他们的帮助，我才得以推进一个有信心且有价值的项目。

我坚信每个人都有一个实现自己最根本的信念和初衷的梦想。我的梦想就是能够帮助每一位高敏感女性发现自己所拥有的奇妙天赋，并过上与自身价值观一致的宁静而幸福的生活。

不，这绝非空想，我知道这是可能的，正是出于这个原因，我想跟大家分享一些帮助我和我的来访者更加了解自身及我们美妙本性的工具。

| 第 2 章 |

当今社会的敏感女性

“敏感是一种罪，但它能让你在黑白之旅中捕捉到万千色彩。”

——比萨的米开朗基罗（Michelangelo Da Pisa）

我当然知道这一点，因为我也经历过，我知道有时候非常不容易……尤其是在那些你感到世界正在向你崩塌而来的日子里，其实你需要有自己的空间、时间和适当的节奏，然而你却不能，你必须跑个不停，不停奔跑……

- 当别人对于真正的你只了解一小部分的时候。
- 当你难以建立亲密关系的时候（因为在一段情感关系

的发展过程中，在热烈感情的驱使下，你会感受到每一个细小方面，每一个微小细节）。

- 当你走进一个房间，即刻感知每一种情绪（积极的或消极的）的时候。
- 当你觉得自己是透明的，也就是，感到自己完全暴露在外的时候（因为你的脸是一本打开的书）。
- 当你担心自己显得过于沉重而害怕向他人敞开心扉的时候。
- 当你感到自己不安全、不一样、不够好的时候。
- 当你有太多事情要做，而这让你感到焦虑的时候。
- 当你付出了很多，却常常得不到什么回报的时候。
- 当你已承诺，却后悔了的时候。
- 当你因为难于说“no”而一直被一种荒谬的内疚感折磨的时候。
- 当你给予对方太多，以至于自己感到情感空虚的时候。

多年来，上述这些情绪、恐惧和焦虑我也经历过很多次，所以我可以告诉你：我非常理解你。可能你是一个非常爱内省的女孩或女士，你总是喜欢深入地分析自己以及周围的一切，因此被贴上了“过于敏感”，甚至是“有毛病”的标签。

可是，你并不是“有毛病”，其实你是独一无二的。你就像一朵稀世奇花，极其美丽且品性高洁。

高敏感者的特征

现在，在我给你具体指导和对策建议之前，我想先列举一些通常被认为是高敏感者，特别是高敏感女性独有的特征。当然，这些特征并不具有诊断意义，在任何情况下都不能取代对高敏感特征进行过深入研究的心理学家或心理治疗师的治疗或评估。因此，我请你把下列内容仅作为个人自省与反思的要素，标出符合你自身情况的那些。

- 你经常听到有人说你“太敏感了”，你觉得这个“太”字被赋予了负面意义。
- 当你进入一个房间或一个新环境时，你能立即觉察到是否存在“负能量”。

- 你不喜欢人多和嘈杂的环境。
- 你的直觉非常敏锐。
- 你能立即感受到他人的苦难与病痛，尤其是那些你在乎的人，你对他们的痛苦感同身受。
- 你能察觉他人的情绪与感受。
- 你会避免观看过于暴力的新闻、电影或电视剧。
- 你常常能从刚认识不久的人那里获得信任，甚至可能还会特别亲密。
- 你的内心非常丰富，充满创造力。
- 你易与动物和谐相处，你有与它们建立特殊关系的能力。
- 你以放大的方式感知声、光和气味，你的感官非常敏感。
- 事情太多时，你的压力会陡然加大。
- 即使没有明显的原因，你也会感到疲惫与困乏。

以上这些内容中，有几点让你看到了自己？

________/13

如果在上述13点中你至少有10点符合，那么你很有可能是一位高敏感者。

你能保护自己免受压力吗？

以下是伊莱恩·阿隆制定的 10 个应对策略，可以帮助你预防因你与世界相处的特殊方式而造成的压力。

可能其中的某些对策你已经付诸实践了，每个对策计为 1 分，可在后文填写你的分数。

- 至少保持 7 小时睡眠。保持良好的睡眠节律有助于减少神经衰弱和烦躁。睡眠不足对高敏感者更为有害。
- 健康饮食。如果这对于你来说有些困难，你可以寻求营养学家或营养师的帮助。
- 戴上降噪耳机。对于高敏感者来说，声音过强真的难以忍受。
- 确定一个只属于你的空间。如果你必须在拥挤或嘈杂的地方待上一段时间，那就找一个可以让你“抽离”的完全属于自己的空间。
- 规划休息时刻。这对于你在那些疲惫与困乏的日子里进行必要的减压很重要。如果无法做到，即使只洗个热水澡，听点轻松的音乐，点上一支漂亮的蜡烛，也能起到很大作用。

- 规划好所有必须要做的事情，避免赶工。因为比起数量，你更应看重质量。不要把自己的日程安排得太满。
- 限制咖啡因的摄入量，也要记住它在茶里面也同样存在。在大学期间，我有时感到比平时更紧张更焦虑，后来我才明白这是为什么：每天我至少喝 4 杯咖啡，而现在我只喝 1 杯。
- 选择柔和的灯光。因为对于高敏感者来说，过于强烈的灯光会提升压力与焦虑水平。
- 如果可以的话，尽量避免高峰时间去办事情或买东西。因为高敏感者不喜欢人群，所以最好选择更适宜的时刻出行。就我个人而言，一般会选择淡季购物，并且绝大部分东西从网上采购。
- 一有机会就融入大自然。如果你住在城市里，哪怕每天只散步 10 分钟也会有所不同。如果你有一只猫、狗或任何其他宠物，一定要享受它的陪伴。抚摸动物皮毛有助于精神放松。

________/10（分）

如果你至少得了 7 分（满分 10 分），那么我真的要祝贺你，因为你正走在通往觉知的道路上。

如果你的分数较低，那么我建议你每天至少为自己留出 30 分钟。你可能觉得这是一项额外的负担，但实际上，你不该这样想，这其实是你需要的适当休息，可以帮你充分发挥天赐礼物的巨大潜力。

我们的薄脸皮儿

是的，我们的“脸皮儿”很薄，我们能强烈地感受到一切。诚然，我们对自己的内在非常敏感，这使得我们经常质疑自己；同时，我们也同样关注他人的问题，以及他人的快乐。

我们随时准备为我们所生活的社会做出积极贡献，每个人都与我们密切相关。欺凌与不公正让我们感到极度不适。有时，我们的脑海中会有大量的背负着莫名内疚感的想法源源不断地、令人疲惫地涌现出来；而从“外部”闯入的信息所带来的巨大压力，又会令我们无法专注，甚至会使我们怀疑自己的想法。尽管 HSP 的智商通常高于统计平均值。

因此，我们有可能在两种对立情绪之间摇摆不定：一方面是对他人意见的过度关注，另一方面又是一种自己无所不能的感觉。

我们过度关注的是各种纷扰的思绪，而不是具体行为。持续地深思导致过度思考，甚至“精神超载”。于是，失去对身体的感知，并给健康带来不良影响和风险。

在我们身上产生的主要冲突恰恰是：我们能够完美地“感受”他人的一切，而非我们自己。

尝试感受我们自己的感受，忠于我们自己的价值观，这绝非易事，并且是极为复杂的。当然，可能我们那过于复杂的思维方式来自我们对世界广泛而剖析的看法：我们会自问成千上万个问题，再比照成千上万个答案。许多高敏感者根本不相信自己的想法，这种巨大的内心冲突恰恰源于对自己与他人思维方式不同的困惑。

甚至可能会发生这样的情况：在与他人探讨或磋商时，极易共情的高敏感者，在倾听对方意见的时候，很可能会失去自己的观点。因为他们突然间会觉得自己的想法貌似过于僵化、激进，甚至是过度理想化、脱离现实。如果我们的父母也是高敏感者，那么事情可能会变得更加复杂。这是因为我们的榜样也很有可能认为自己的想法与社会上大多数人的想法格格不入。

当思想成为阻碍

“独处对于我来说是一种治愈的源泉，它让我的生活变得有价值。言语对我来说常常是一种折磨，我需要静心多日才能从语言的徒劳中恢复过来。”

——卡尔·古斯塔夫·荣格

我们都知道，思想的力量是巨大的，我们的内在成长主要取决于此。

然而，有时，思想也会成为阻碍。当这种情况发生时，我们将无法实现我们的目标，也很难做到宁静平和地自处。

我们内在的敌人

思想可以成为我们最大的敌人。

- 当你不以自己为中心思考，忘记了与自己身体联结的时候。
- 当你迷失在某个问题的理论方面，而忽略了其实质性的时候。
- 当你忘记了自己真正的兴趣所在的时候。
- 当你思绪万千、优柔寡断，或因适应与反抗、灵活与僵化、利他与利己的轮番上阵而陷入僵局的时候。
- 当你过于理想化，冒着以牺牲现实为代价，而使空想变现的时候。

- 当你是冒名顶替者综合征受害者的时候。

有意识地思考是可能的吗？

正如我们所看到的，深度共情可能会阻止我们充分理解和支持自己的想法和观点，因为我们时刻在意他人的意见。

因此，为了摆脱这个困境，以下一些反思供你参考，以帮你克服那些你了解自己真实想法时的阻碍，我希望这些反思能够帮助你与自己建立深度和谐。

- 停下来，集中注意力，弄清楚你对某个问题的真正想法。
- 为什么它对你很重要？
- 你的想法是否因与他人的比较而改变？
- 你在哪些方面考虑得最多？

- 这种立场的改变是否允许你尊重自己并遵循自己的价值观?

你越是专注于自己的想法，就越能深刻地感知自己的“脸皮儿”，也就越能感受你自己。

这就是为什么我相信做好沟通与果敢自信意义重大的原因。

女英雄与女斗士的故事

多年来，我一直关注高敏感女性。通过阅读或聆听我的线上交流内容，她们中的许多人发觉了自己的高敏感性，并决定跟随我开始线上或线下的治疗。在这里，我将讲述其中三位来访者的故事，并希望这些个案——也许你可以从中看到自己的影子——能够帮助到你。当然，出于对来访者隐私的尊重，已对人名、地名以及特定情节做了适当修改。

奥罗拉的故事

"我是由

浑身的创伤

过多的想法

无数次的一见钟情

完全不被理解的心

和千百回被付之一炬的信心

组成的”

——吉欧・埃文[①]（Gio Evan）

我与奥罗拉是在 Instagram 上偶然相遇的。她在“建议”栏中看到了我的主页。她读了我的帖子，并在我写的内容中仿佛看到了她自己，于是她把这一切理解为一个“信号”。所以她联系我进行了第一次了解性的视频通话。就这样，正式的治疗开始了，我们先是在线上进行，一两个月后转为在工作室线下进行。我见到她的那一刻，就被她的优雅和朴实打动了：整齐、笔直、完美的头发，精致的妆容，一点儿不惹眼却无可挑剔的穿着，准确得体的语言。我们的“旅程”是在因疫情而全面隔

①**译者注：**吉欧・埃文，原名Giovanni Giancaspro（乔凡尼・詹卡斯普罗），意大利作家、诗人和作曲家。

离的时候开始的。奥罗拉希望在建立自尊和勇于说“no”两方面下功夫。一直以为，她对于自己所做的每件事都非常投入、严谨和认真，然而在某一时刻，她崩溃了，于是她意识到自己必须停下来。

另外，她也要从一段极度失望的爱情和一段重要友谊的结束中走出来，这些事让她对自己产生了强烈的质疑：她再也无法与自己建立真正的联结，她甚至不知道自己真正相信什么。

在面谈过程中，我很快发现奥罗拉非常敏感。她总是很关注他人，她善良、谦恭、乐于助人、不会说“no”，她是每个人的朋友。她还是一个模范女儿，为了不给家庭带来经济负担，她勤工俭学。她也是一名充满激情的阅读爱好者，热爱并专心致志地学习各种外语。

通过一次次的面谈，奥罗拉开始意识到自己天生的高敏感性是一份非常珍贵的礼物，并且认识到跟随自己应有的节奏，间或抽离，而不是强迫自己，对自己是何等重要。

在深刻的自问自省之后，她明白了，无论是在友谊还是在爱情关系中，把自己视为优先项的重要性。

在我们的治疗结束时，她写下了以下感想：

“每一种关系都必须建立在坚实的基础之上。双方都必须给予，而不仅仅是接受，因为任何事情都不应该被认为是理所应当的。

我想做一个利他的人：帮助别人让我感到非常幸福。我愿意仅为看到我在乎的人的微笑而做任何事情。

说‘no’对我来说极其困难，但在这次治疗结束的时候，我学会了在必要时说‘no’。起初，这并不容易，但现在，通过治疗，我内心的一切都变得更加清晰。我不想再当神奇女侠[①]（wonder woman），如果我需要抽离，我会的。

我也知道我是自己的超级英雄，因为我已经在昂首阔步地直面生活中的所有困难和挑战。

在未来的情感关系中，我将不再总是给予，而不接受。我希望能遇到一个和我有共同的兴趣、价值观和理想的人，我希望自己能被百分之百地了解，而无须担心展现出自己的脆弱。

无论如何，现在，我将从我自己开始：我终于知道自己的价值，我重新认识了自己。”

---

①**译者注：**《神奇女侠》是由美国华纳兄弟影片公司出品的奇幻动作片，由派蒂·杰金斯执导，盖尔·加朵、克里斯·派恩、罗宾·怀特、康妮·尼尔森联合主演。该片根据DC漫画改编，故事背景设定在第一次世界大战期间，讲述了亚马逊公主戴安娜·普林斯取得奥林匹斯众神赐予的武器与装备，化身神奇女侠，与空军上尉史蒂夫·特雷弗来到人类世界，捍卫和平、拯救世界的故事。该片于2017年6月2日在美国、中国内地同步上映。

阿黛尔的故事

“别忘了爱你自己。”

——索伦·克尔凯郭尔[①]（Soren Kierkegaard）

23 岁的阿黛尔必须迅速成长起来。从很小的时候起，她就不得不去工作，因为她不仅需要在经济上，还需要在情感上支持她的母亲。阿黛尔有一个永远不在身边的父亲，有一个没有时间玩游戏并充满牺牲的童年，她总是背负着沉重的经济负担，被迫与没完没了的不幸和灾难抗争。高中时代，一个在她生活和成长过程中的重要转折点出现了，这要归功于她遇到的那个后来成为她未婚夫的男孩。

阿黛尔为了对抗一直折磨她的惊恐与焦虑，和我一起开始了她的“旅程”。由于缺乏安全感她一直生活在将被未婚夫抛弃的恐惧之中，而未婚夫已经全方位地成为她的生命支柱。

她害怕孤独，为讨好每一个人，她慷慨大方地赠送礼物，

①**译者注：**索伦·克尔凯郭尔（1813—1855），丹麦宗教哲学心理学家、诗人，现代存在主义哲学的创始人，后现代主义的先驱，也是现代人本心理学的先驱。曾就读于哥本哈根大学。后继承巨额遗产，终生隐居哥本哈根。以事著述，多以自费出版。他的思想成为存在主义的理论根据之一。

即使在并不合适或不想这样做的时候也依旧如此。在治疗过程的最初阶段，她时常感到疲惫不堪，睡眠很少，她失去了与自己身体的联结。

为了养活自己，她同时打三份工，而且她在大学里还取得了优异成绩。每个星期天下午，她都会准时遭受惊恐和焦虑带来的袭扰，更糟糕的是，要忍受未婚夫的“冷淡”——那时她的未婚夫也正在经历一段艰难时期。这一切都让她经受着严峻的考验。

不过，通过对自尊、定义自己的空间，以及尊重自己与他人界限的仔细探究，她逐渐意识到自己的独特性，意识到自己所拥有的奇妙天赋。

于是，那些与她亲近的人，那些关心她的人，更加爱她。事实上，很多时候，对别人说“no”，不仅对他人有利，也会变成对我们自己的肯定。

目前，阿黛尔在提升自己的自尊方面不断取得进步，她放弃了三份工作中的一份，这样就可以有更多的时间留给自己，或用于学习，或做一些自己感兴趣的事情。她不仅收获了珍贵的友谊，而且感情关系也比以前更加牢固。

吉内芙拉的故事

“在相对论中，没有单一的绝对时间，每个人都有自己的时间尺度，这取决于在哪里，以及如何移动。”

——史蒂芬·霍金[①]（Stephen Hawking）

当吉内芙拉决定向我寻求帮助时，她早已深陷危机。她无法参加任何考试，她感到悲伤、沮丧和失望。看着自己的同龄人很多已经毕业并开始工作，她感到非常痛苦和不适。

她的母亲患有一种严重的疾病，吉内芙拉从很小的时候开始，就是整个家庭的支柱。她要做家务，要学习，要在情感上支持每个人，而且她还得为总是感到脆弱与不安的妹妹做出榜样。

吉内芙拉不知道什么是睡懒觉，什么是已经做好的早餐，什么是父亲带着去旅行。12 岁的时候，她就会做饭了；16 岁时，

①**译者注：**史蒂芬·霍金（1942—2018），出生于英国牛津，毕业于剑桥大学，英国物理学家、宇宙学家、数学家。1963 年，被诊断患有肌肉萎缩性侧索硬化症即运动神经细胞病；1965 年，获剑桥大学博士学位；1973 年，发现黑洞辐射；1980 年，提出能解决宇宙第一推动问题的无边界条件；1988 年，科普著作《时间简史：从大爆炸到黑洞》发行。曾获霍普金斯奖、麦克斯韦奖、世界物理学界最高奖——爱因斯坦奖章，以及总统自由勋章等。

她已经觉得自己像一个“完美的家庭主妇”，并且能够完全独立自觉地安排自己的生活了。

从高中开始，她便遭受惊恐发作和频繁出现的肠胃疾病的困扰。她总是全身心地去关心照顾别人，而忘记关照自己。虽然她从未停下脚步，但她朝着自己的目标——成为一名外语教师——的道路早已被打断。

尽管她两年前已经离开家，和男朋友住在一起，但她仍然在继续照顾和支持她的原生家庭。包括她的新家庭成员在内，她是每个人的榜样。但当一天结束的时候，她总会感到极为空虚和沮丧，甚至不清楚这到底是因为什么。

于是，我们开始了疗愈的“旅程”，经过几次面谈后，她终于认识到自己所拥有的天赋。对她来说，一切开始变得更加清晰。她告诉两个家庭，目前她的首要任务是完成学业，她会一直陪伴在他们身边，但从此以后，她会更多地为自己着想。她还学会了委托他人和寻求帮助（直到不久之前，这一切对她来说都是无法想象的）。

现在，吉内芙拉已经不再遭受惊恐发作和肠胃疾病的困扰，她已经恢复学业，并能参加考试。她不再感到被困住了，而是可以朝着自己的目标大踏步地急速前进了。她终于学会了重新认识自己——自己的身体、自己的需求，这些对自己来说最重要的东西。

两个家庭都完全理解并接受她的想法，仍旧与她极为亲密，并支持她做出的这一重要决定。

如你所见，这三个故事的共同点在于，高敏感女性从不优先考虑自己，对于她们来说，她们所爱之人的幸福才是最重要的。但这可能会导致她们把那些反映自己价值观的目标和抱负抛在脑后，并锁在抽屉里。随着时间的推移，那些不断重复的“yes”和过度的依从，会导致内化性问题*（焦虑、惊恐发作、躯体化）。

通常，高敏感女性与家人和那些她们在乎的人有着不寻常的独特联结。由于她们非凡的同理心，她们倾向于吸收情绪和感觉，甚至有些过度。于是，这就使得她们忽视自己的目标，而最终将自己放在次要的位置上。治疗这种类型的关键是让她们意识到自己所拥有的独特天赋。

凤凰的神话

凤凰是一种神圣的鸟，是无数传说的主角。奥维德[①]（Ovi-dio）说，凤凰可以活500年，然后再从灰烬中重生。当感到死亡即将来临的时候，它会飞遍埃及各地，找一个地方用世界上最美好的东西——肉桂枝、橡树枝、没药枝等——筑巢。然后，将自己安顿其中，并开始唱一首美丽动听的歌。待时辰到来，凤凰被火焰吞噬后得以重生，并变得更加强大而有力。

这个神话向我们传递了一个非常重要，非常有意义的概念，那就是在每一次的失败、完结、坠落之后，我们将获得更多的智慧和力量，并由此蜕变重生。

通过仔细分析那些给人留下深刻印象，并促其发生重要内在成长的创伤性事件，一个人的人生故事便可在此刻被“重写”。一旦意识到这一点，你就可以开启崭新的生活。就像凤凰从灰烬

①**译者注：**奥维德（公元前43年—公元17年）是古罗马与维吉尔、贺拉斯齐名的三大诗人之一。他一生著作等身，在其生前的古罗马就已经确立经典地位。后世的但丁、彼特拉克、薄伽丘、蒙田、莎士比亚、弥尔顿、歌德，到更晚近的普希金、乔伊斯、庞德、艾略特、曼德尔施塔姆等，无不受到他的影响。其著作有《变形记》《岁时记》《情诗集》《爱的艺术》《女杰书简》《黑海书简》《哀歌集》等。

中重生一样，每一位高敏感女性在遭受创伤后都会重生，都会站在一个新的维度重读自己所遇到的挑战和困难，从而使自己变得无比强大。正如凤凰一样，我们也会去寻找最美丽、最芳香的“树枝”来建造我们自己的巢穴，只不过我们是在自己身上寻找。

自在飞翔、自我探索、自我了解是很重要的，拥有这些我们就能找到最好的东西来建立并增强我们的自尊，并促进随之而来的自我成长。

然而，有一点必须牢记：在如此纷乱庞杂的挑战中，我们的一部分将会死去，将会离开，将再也不会回来。但是，从未能被风吹走的灰烬中，将诞生一个更加智慧、更加成熟、更加平和的新自我——一只更觉醒、更自由的新凤凰。

也许，这同样会发生在你们身上。你们在遭受重大创伤、失望后，会留下很多伤痕，因为负面经历毫无疑问会留下痕迹。但是，正如精神病学家和心理治疗师维克多 · E. 弗兰克尔[①]

①**译者注：**维克多 · E. 弗兰克尔（1905—1997），出生于奥地利维也纳一个贫穷的犹太家庭，是维也纳第三心理治疗学派——意义治疗（Logotherapy）与存在主义分析（Existential Psychoanalysis）的创办人、医学博士，维也纳医科大学神经与精神病学教授，他创立了“意义治疗”及“存在主义分析”，被称为继弗伊德的心理分析、阿德勒的个体心理学之后的维也纳第三心理治疗学派。1946 年，他出版了《活出生命的意义》一书，被评为“美国有影响力的十大图书”之一。

（Viktor Emil Frankl）教导我们的那样，如果我们能抓住这个天赐良机重新站起来，我们将会获得新的力量。

如果我们没有认识到我们所拥有的、存在于这个世界上的、最具有真实意义的神奇天赋，我们又怎么能够站起来呢？

让我们从灰烬中走出来，并变得比以前更加强大。

“跌倒后又爬起来的人，比从未跌倒过的人要坚强得多。”

——维克多 · E. 弗兰克尔

本章要点

- 你没有错，你是独一无二的。
- 你的“脸皮儿”很薄，你需要学习与你的皮肤和身体重新建立联结。
- 有时，思绪会困扰你，直至它们主宰你的生活。为了避免这种情况发生，你需要学会更加具体地按照自己的价值观采取行动。
- 在面对他人的时候，你要尝试更好地理解自己的初心是什么，并反思因为什么你会让自己被他人的想法淹没。
- 你有一个非凡的天赋，牢记预防压力的 10 个策略，你要学会尊重自己，并在必要时“抽离”。
- 正如凤凰一样，你可以从创伤中获得重生，并变得更加强大。

| 第 3 章 |

困难与挑战

“你们可以想象有这样一种心理疗法，它并无减轻症状的意图，却会达到症状减轻的效果。这是一种牢固建立在传统实验科学基础上的疗法，但同时又强烈强调价值、宽恕、接纳、共情、活在当下，以及一种超然的自我意识的获得。这实在是一种难以归类的疗法，以至于它被描述为‘认知行为存在—人本主义疗法’。”

——罗斯·哈里斯[1]（Russ Harris）

①**译者注：**罗斯·哈里斯，医生、心理治疗师、生活教练。1989年毕业于泰恩河畔纽卡斯尔大学后成为一名医生，并于1991年移居澳大利亚墨尔本，在那里开始担任全科医生。他是国际知名的接纳与承诺疗法（ACT）培训师，并撰写了8本关于该主题的书籍。2015年，他与世界卫生组织合作制定了ACT协议，以帮助难民管理压力和应对逆境。

亲爱的女英雄、女斗士，如果你在上一章的故事中又看到了自己，说明你也许在经历一个不知道从何时开始的重要停滞期。虽然你的一部分已经意识到自己的力量和高敏感性，但你仍感觉自己被困住了。你正面临自己不知如何应对的困境——一个真正的挑战。我不知道你是否已经开始进行治疗，如果还没有，我建议你寻求支持。我相信，特别是接纳与承诺疗法*（ACT）通过采用隐喻、悖论、故事、正念技术和其他适合你的练习，经过引人入胜并且神奇有效的工作，可以给你提供很多帮助。尤其是故事，具有强大的治疗价值，只需想想我们在孩童时代，是如何完全认同我们所最喜爱的角色就可见一斑。这就是在这里你不仅会看到一些有助于进行自我反思的问题，还会看到很多故事的原因。

分析你的困难

回答下列问题，每个问题大约需要 10 分钟。

你正在面临哪些挑战、障碍或困难？

1. ______________________________

____

____

____

____

2. ______________________________

____

____

____

____

3. ______________________________

____

____

____

____

你尝试了哪些方式来解决问题？

1. ______________________________

____

____

____

____

2. ______________________________

____

____

____

____

3. ______________________________

____

____

____

____

也许，通过回答这些问题，你会发现并不存在单一明确的答案。因此，在介绍问题解决*（problem solving）的步骤之前，我请你先分析正在经历的困难。你可以边反思边记录下来：

当你专注于某个问题时产生的所有想法。

____

____

____

____

____

你感受到的所有情绪（如愤怒、悲伤等）。

____

____

____

____

____

你采取的所有行动。

____

____

____

____

____

当你写下这些想法、情绪、行动时，引起了哪些进一步的思考？把它们写在下面。

____

____

____

____

____

问题解决

“对于问题，既无须抗拒，也不应逃避，而应进入其中，成为它的一部分，并将它视为一种将其解除的元素而加以利用。”

——柏拉图[①]（Plato）

每当我们这些高敏感女性面临新的考验时，就会立即触发一种让我们彻底自我质疑的模式。之所以会发生这种情况，是因为我们倾向于放大与问题相关的想法，无论它是什么。白纸黑字地写下来，可以厘清我们的感受和经历，有助于我们确定

①**译者注：**柏拉图（公元前427年—前347年），是古希腊伟大的哲学家，也是整个西方文化中最伟大的哲学家和思想家之一。柏拉图和老师苏格拉底，学生亚里士多德并称为希腊三贤。他创造或发展的概念包括：柏拉图思想、柏拉图主义、柏拉图式爱情等。

此时对我们真正重要的是什么。

如果你需要澄清，需要更好地理解——这是问题解决的第一步——我建议你按照以下步骤仔细审视自己的问题。

1. 清楚地定义你所面临的困难。从多种角度和不同方面进行审视。

2. 你希望达到哪些目标？试着想象一下，你认为可以解决问题的场景。

3. 评估所有可能的选项，排除所有你认为无益于问题解决的选项。

4. 想象一下问题已解决时的所有特征和所有可能的影响。

5. 时刻牢记自己的目标，并朝着目标小步前进。

迈向自我意识

现在，我想告诉你们我的两位来访者的故事，我帮助她们认识了自己以及自己真正想要什么。

贾妲的故事

贾妲无法做出任何决定，即便是在那些最微小的事情上，她也会仔细考虑每一个细节，设想每一种可能，到头来却无法知道哪个是最适合自己的解决方案。当她开始接受治疗时，正处于一个非常令人烦恼的时期，因为她必须要做出一个她认为会影响未来生活的选择。一方面，她拥有一份稳定可靠的工作，但她觉得自己的抱负有限；另一方面，在一个充满活力的新环境中有一份更符合她背景的工作。贾妲无法做出最终决定，她害怕改变，同时又被无尽的苦恼环绕。通过我们的面谈，她不仅发现了自己所拥有的神奇天赋，即发现自己是一个高敏感者，而且还意识到，事实上，在内心深处她早已做出了决定。就这样，在审慎地评估了各个方面之后，她向领导明确表达了自己的想法，离开了原来的工作岗位。现在，她对自己的选择感到幸福和满足。

安妮塔的故事

安妮塔也同贾妲一样，没有安全感，犹豫不决，常常让别人替她做决定。她甚至会疑惑自己最喜欢的颜色是什么！而与此同时，作为一个高敏感者，她总是能知道对自己身边的人来说，哪些是最优选择。通过聚焦于自尊与自身价值的精心治疗，她学会了深入了解自己，不仅提高了自我意识，也认识到了自己那些最简单的偏好——她最喜欢的颜色是橙色，而且偏爱东方美食，钟情古典音乐。她的隐藏在灵魂深处的部分，甚至不敢向自己袒露自己的激情、喜好和选择，因为她觉得它们与别人的相差太远。

通常，我们高敏感者害怕做出自主选择，因为我们原初的理想和价值观不同于大多数人。当我设立 @psicobenesserealfemminile 主页时，就像我生活中的所有其他选择一样，我知道我不会得到所有人的支持或理解。这就是需要与我们的价值观和远大志向保持紧密联系的非常重要的原因，因为这让我们能够真正深入地了解自己。

所以，当你有一个问题，一个困扰着你的想法，一个萦绕在脑海久久不能离去的思绪时，我建议你拿起纸和笔，把它们都写下来，按照我们在前几页介绍的方法去描述它们。

接受困难

“当我们接纳落到头上的问题的那一刻，大门就会敞开。”

——鲁米[①]（Rumi）

如果说问题解决的第一步是分析，那么第二步就是接纳。在每一次心理治疗中，接纳发生在我们身上的事情是核心。尤其在 ACT 治疗中，接纳对于促进成长至关重要。要学会接纳内部事件（想法和情绪）和外部事件（面临的挑战）。接纳并不意味着屈从，所以接纳并不是一种消极被动或受害牺牲的模式。相反，接纳意味着变得更为觉察、更少评判、更加积极地与你

①**译者注：**贾拉勒·丁·鲁米（约 1207—约 1273）是一位苏菲神秘主义者和波斯诗人。他的神秘诗歌具有普遍的吸引力，这使他成为现代最著名的诗人之一。

正在经历的所有情绪联结在一起。

卢克雷齐娅的故事

在新冠疫情出现之前，卢克雷齐娅的生活虽然非常紧张，但因有着十分精确的节奏和规律显得平衡且清晰。她教书、补课，每周去 3 次健身房，周末与朋友见面，同丈夫一起出去晚餐。星期天，她会打扫房间、阅读、看电影。每个月，她会预订一次民宿（B&B）[①]，和丈夫一起去享受托斯卡纳的乡村风光。她幸福、平和，对自己的生活很满意。而新冠疫情，跟我们所有人感受到的一样，彻底改变了她的生活。除了总是要居家办公，她还不得不从根本上改变自己的生活习惯。

HSP 不喜欢有过多要做的事情，也同样不能离家太久，因为社会关系的缺失可能会严重破坏自身的稳定性。这正是卢克雷齐娅的遭遇：她无法接受这个新现实，最终也无法接受自己。

出于这个原因，她开始忽视自己，也不再关注家庭以外的任何事情，直到出现了焦虑症和各种躯体化的症状。

---

①**译者注：**Bed and Breakfast，简称B & B，是一种酒店、旅店的类型，和民宿相似。它们提供床过夜和供应早餐，价格比纯粹租房高一点，但却没有其他设施，亦不包括早餐以外的餐食。

就此，她决定寻求帮助。在我们的治疗过程中，通过一次又一次的面谈，她开始懂得自己内心深处的种种不安是源于自己无法接受新的现实。于是，她聚焦于此开始努力，并领会到唯一的办法就是不要筑起围墙，而是尝试建立符合自己本性的新习惯。

戴安娜的故事

戴安娜无法接受父亲的离世。从那可怕的一刻起，她就与现实脱节了，她所有的梦想和目标好像一并化为了乌有。如今，一年多过去了，她仍然无法握住生活的缰绳，似乎一切都超出了她的能力所及。对父亲的记忆，那些与父亲在一起生活的点点滴滴完全占据了她的脑海。在治疗过程中，通过眼动脱敏与再加工疗法*（EMDR），我们处理了她各个阶段的哀伤。接纳，虽然痛苦，但能够让戴安娜重新开始，重新对自己的各项规划鼓起信心。这一切并不是对父亲的遗忘，而是始终把他铭记在心，并把自己梦寐以求的工程学位奉献给他。

接纳的概念，源自认知行为疗法，也可在内在动力中寻到踪影。可以说，这是一个渊源古老的哲学概念。根据 ACT 疗法，给我们带来不快与痛苦的并非外部事件，而是与之相关的想法和由此感知的情绪。

“折磨我们的并非事物本身，而是我们对它的解读。”

——爱比克泰德[①]（Epictetus）

“生活，如同在公共浴场中、在人群中，或者在旅行中所发生的那些一样。你总是会遭受一些有意或无意的委屈。生活并不甜蜜。你既不应该对此感到惊奇，也不应该觉得出乎意料。为此生气是荒唐可笑的，就像介意在公共浴室里被喷到水、介意在人群中被撞到，或者介意在泥坑里溅上污泥一样令人发笑。”

——塞涅卡[②]（Seneca）

①**译者注：**爱比克泰德（约公元55年—约135年），古罗马最著名的斯多葛学派哲学家之一，与塞内卡和马库斯·奥勒留并列。

②**译者注：**塞涅卡（公元前4年—公元65年），古罗马哲学家、政治家、演说家和悲剧家。他是公元 1 世纪中叶古罗马的主要知识分子。

我们必须明白，无论一个想法是积极还是消极的，都仅仅是一个想法而已。

因此，重要的是我们要以恰当的方式关注我们的想法，并要尤为注意某个想法在一天之内浮现出来多少次。

“如果我们希望世界是公平的，希望他人表现良好，希望一切都能按照我们的意愿进行，如果我们奢望这一切，我们将注定走向愤怒、失望、沮丧、焦虑和痛苦。”

——阿尔伯特 · 艾利斯[①]（Albert Ellis）

那么你呢，通常你有多少积极的想法，或者功能失调的，也就是消极的想法呢？让我们一起来瞧瞧吧。

积极的想法和“受害者”的想法

用 × 标记出可能你也有的思考模式。

- 什么都让我摊上了。

①**译者注：**阿尔伯特 · 艾利斯（1913—2007），美国临床心理学家，先后毕业于纽约市立大学、哥伦比亚大学，获博士学位。在 1955 年发展了理性情绪行为疗法。许多人认为他是认知—行为疗法的始祖。

- *一切都会好起来的。*

- 今天可真糟糕。
- *今天是个好日子。*

- 这真是一场灾难！
- *虽然发生了一个小小的意外，但没有什么是无法挽回的。*

- 没人喜欢我。
- *并不是每个人都喜欢我，但我有朋友和信任我的人。*

- 我一点儿也不喜欢自己。
- *我深深地爱着自己的很多方面，而那些小小的“不完美”，被我看作我的独特之处。*

- 我总是不能被别人喜欢。
- *可能有些人不喜欢我，而有些人喜欢我。甬管怎样，我喜欢我自己本来的样子。*

- 我被解雇了。一切都结束了。
- *被解雇确实很遗憾，但我相信，只要撸起袖子加油干，我一定会找到一份适合我的新工作。*

- 他跟我分手了。我再也找不到任何人了。
- *分手真的很痛苦，但我会给疗愈创伤留出应有的时间，并让自己重新出发。*

- 今天，在工作中，我被训斥了。真是丢脸！
- *今天我在工作中被训斥了。尽管我认为责任该由别人承担，但我仍然感觉很受伤。无论怎样，我将设法弄清楚到底发生了什么，以防这种情况再次发生。*

- 我说了“no”，于是现在我深感内疚。
- *我说了“no”，但我并不觉得内疚。我设定了边界，以便留给自己应有的空间。*

- 我头疼得厉害，但我还得工作。我要吃点儿止痛药。
- *我头疼得厉害。我觉得我需要休息一下，以便留出空*

间来关照自己。

正体字的答案数：_____/11

斜体字的答案数：_____/11

如果你在“正体字”中找到更多与自己相符的想法，那么你需要对自己的思维模式进行建设性的改变，以防它们随着时间的推移而让你“受害”，或者让你深陷其中。在接下来的章节中，我将向你讲解如何应对。

书写自己的故事

“你只拥有你能带走的东西；你去通晓语言，你去探访国家，你去了解人。让你的记忆成为你的旅行包。”

——亚历山大·索尔仁尼琴[①]（Aleksandr Solženicyn）

我们每个人的故事都很重要，都值得分享。因为我们是怎样的或者我们变成怎样都值得被关注。我们遇到的每件事、每

①**译者注：**亚历山大·索尔仁尼琴（1918—2008），苏联至俄罗斯联邦时期作家。1962 年因出版反映集中营生活的作品，被吸收进苏联作家协会，1968 年因作品《第一圈》无法在苏联出版而在境外发表，被开除出苏联作家协会，随后获得 1970 年诺贝尔文学奖，而后因出版描写极权主义的巨著《古拉格群岛》被驱逐出苏联，到美国后毫不留情地批评自由主义，苏联解体后又斥责戈尔巴乔夫和叶利钦毁了俄罗斯，其立场让左右两派都无法与之相处。他逝世后，被一些人认为是“俄罗斯的良心”。

个人都教会了我们一些东西，无论是好是坏，每个故事都有它自己的深度，它自己的独特性。

我们当然无法回到过去，不过，我们可以通过赋予它适当的权重，即恰当的重要性，重新书写已经发生的一切。

戴安娜的故事

戴安娜不想谈论自己的故事。她总觉得自己被千难万难包围着，眼见之处都是阻碍。

她抹去了自己很大一部分记忆，与此同时也抹去了那些特殊的时刻，那些使她成为一位特别女性的重要时刻。

因为她的高度敏感，她把每一刻都活得生动而热烈，以至于从很小的时候起，她就没有给自己的“记忆”留下多少空间。自小到大，她一直是个勤奋的孩子，学习成绩优异。

刚开始治疗时，她晚上睡眠时间很少，常常惊恐发作。在EMDR 的帮助下，我们一起处理了她认为最痛苦的那些事件。我们从一种新的意识，从她拥有的特殊天赋，以及创造一个崭新的、美丽的愿望开始，“重写”了她的故事。

为什么写作具有治疗作用

讲述我们的生活具有非常强大的治疗效果。这就是为什么在与我的来访者的每一次接触中，我都会从讲述他们的故事开始。总而言之，这是一个简单的练习，但是，当成为自己故事的主角时，我们往往会试图忘记通过文字和情感来表达。我们可以通过多种方式来讲述自己：一首歌、一段旋律、一幅画，或者仅仅是写下来。正如我在本书第一章所做的那样，谈论自己具有深深的疗愈作用。

毫无保留地暴露你的脆弱，感受自己是一则引人入胜的故事的一部分。更明确地说，因为高敏感者以一种放大的方式体验每一种情绪，所以他们能够在每一个微小的细节中得到非凡的启示。

我一直感觉自己有书写并讲述自己故事的需要。我尤其会在乘火车旅行时这样做。秀丽风景的碧绿，我家屋旁海洋的蔚蓝，云卷云舒，都是我找到灵感的重要源泉。这一切都激发了我的创造力，给我注入了活力。于是，在我的笔记本中积累了很多故事，坦率地说，我从未想过我的这些思考首先会转化成为一个非常受欢迎的 Instagram 主页，然后又有了这本书。

我猜你在想，和盘托出自己的故事真的很难。正因如此，我不会要求你立即向任何人暴露自我，我们必须一步一步来，书写自己已经是迈出了一大步。

正如美国研究人员布琳·布朗[①]（Brené Brown）在其脆弱性研究中指出的那样，展现真实的自我有助于建立有价值的联结。接纳自己，甚至接纳那些让我们与众不同的小瑕疵，都能带来真正的改变。放下羞愧，开诚布公地谈论自己，是向世界敞开胸襟的伟大实践。

有时，我们因害怕被评判，而把自己封闭起来，但是，向他人敞开心扉是让自己为人所知，并创造那些神奇联结的根本

①**译者注：**布琳·布朗，在全球有着广泛影响力的学者、演讲家、作家。她是休斯敦大学社工研究院的教授，用超过 15 年的时间研究人的脆弱、勇气、自卑感以及价值感。她的 TED 演说——《脆弱的力量》（*The Power of Vulnerability*）是 TED 网站上最受欢迎的演讲之一。

所在，让我们能够：

- 更加勇敢。“勇敢”的人不怕暴露自己的脆弱。因此，他们对自己更有慈悲心。
- 更加真实。不需要戴上任何面具。
- 更加了解。更加了解我们的优势，尤其是那些让我们与众不同的小特质。

说出你的想法，表达真诚的爱，作出决定……如果你觉得有必要做出积极的姿态，那么不要等待，就让它从自己身上展现出来。为你所相信的东西冒个险。

正如布琳 · 布朗所说，秘密就在于此——冒险。让积极的情绪占据上风，而不是害怕被拒绝，始终牢记自己的优势，按照自己的价值观行事。

现在，我建议你做一些有益的小练习，让你更加相信自己。然后，你就可以鼓起勇气，试着讲述你和你的故事。

暴露的勇气

写下你的 5 个特点，无论好坏。

1. ______________________________

____

____

2. ______________________________

____

____

3. ______________________________

____

____

4. ______________________________

____

____

5. ______________________________

____

____

现在试着质疑那些消极的特点，并回忆一下那些你曾以相反的方式行事的情境。

1. ______________________________

____

____

2. ______________________________

____

____

3. ______________________________

____

____

4. ______________________________

____

____

5. ______________________________

____

____

说说你的事

用 15～20 分钟写写你自己、你的故事，以及你已实现的目标。

回顾你的故事，把它写在纸上，客观地看待它，可以让你对自己有更多的了解。讲述自己的故事有助于提升自尊，以及增强对自己和自我价值的信心。

本章要点

- 描述我们面临的困难与挑战，有助于我们聚焦于此。
- 要想厘清自己的问题，可以遵循问题解决的步骤进行。
- 我们必须学会接纳我们无法改变的事物，与此同时，我们也必须尽自己所能改变那些我们可以改变的事物。
- 花几分钟写下你和你的故事、你迄今为止实现的目标。这是一种尊重自己、尊重生活中你所做的美好的、积极的和有建设性的一切的方式。

| 第 4 章 |

确定自己的方向

“重要的是永远不要停止提问。好奇心有其存在的理由。当你看到永恒的奥秘、生命的奥秘、现实事物奇妙结构的奥秘时，你一定会感到无比惊讶。我们只需每天去尝试了解哪怕一点点奥秘就足够了。永远不要失去神圣的好奇心。”

——阿尔伯特·爱因斯坦（Albert Einstein）

正如我在前几页内容中提到的，在治疗过程中和与来访者的对话中，问题扮演着重要的角色。

我们经常自问、深思，虽绞尽脑汁，却没有向自己提出正确的问题。正确的问题可以帮助我们理解事物，可以让我们从新的角度看待事物，可以揭示我们内心深处，帮助我们了解我们到底是谁，以及我们奇妙的独特性。

有助于理解的问题

在 ACT 治疗中，问题是关键，现在我就向你提几个问题。期待你能花上足够充分的时间，诚实地回答以下问题。

- 你真正想要的是什么？
- 你想赋予自己的生命以怎样的意义？
- 你希望成为怎样的人？
- 你希望在你的生活中建立怎样的人际关系？
- 你希望在这个世界上，如何对待他人、如何对待自己？
- 你这辈子想做什么？

拉斐拉的故事

拉斐拉害怕问自己这样的问题。她害怕知道答案。她知道，选择工程学——按照父亲的建议——是一个错误的决定。直到现在，她学习得都很被动，并且已经有一年没有参加考试了。总之，她很清楚自己并不想成为一名工程师。但是，作为一个高敏感者，她总是优先考虑所爱之人的意愿。

正是在这种背景下，为了从中走出来，她和我共同开启了一段治疗的“旅程”。在ACT提问技术的帮助下，她逐渐明白了自己此生真正想做的是什么。

她热爱摄影，一有空闲时间她就去摄影。于是，她中断了大学的学习，注册了几门课程，开设了自己的Instagram主页，上传了她的摄影作品并立即受到了广泛关注。拉斐拉很高兴同我开启了这段“旅程”，每天早上醒来，她都为自己的勇敢决定感到满意和自豪。

让自己的存在具有意义

设想你已经 80 岁了

现在请你想象一下你的 80 岁生日。想象有人正站在那里谈论你。在这个聚会上，可以出现任何人，即使那些已经不在人世的，或者那些还没有来到人世的，比如说，如果你想要孩子，那孩子也可以来参加，总之所有重要的人都因你而聚在那里。

演讲者是一位你非常在乎的人，他的发言主要集中在三个方面：他为什么会记得你；你的一生中做了哪些有意义的事；你是如何帮助别人的。

这种治疗方法，强大而有力，真的会激发思考。有时我们很难想象前进的道路或者方向，这是因为我们主要关心的是所遇到的问题，而不是我们真正想成为怎样的人，以及我们想要赋予自己怎样的人生意义。

停下来几分钟，提出正确的问题，可帮助我们领悟我们究竟想要怎样的生活。

所以，请你反思一下：你对于你自己意味着什么，你对于你自己有什么意义。如果你正在经历一段特别艰难困苦或停滞不前的时期，那就抓住良机去探寻你内心深处那些最脆弱的部分，并试着每天寻找值得感恩的小确幸，最重要的是，永远不要停止想象自己想要的未来。这将帮助你给这个纷繁复杂的现在赋予别样的意义。

维克多·E. 弗兰克尔的教导

“我们可以通过三种不同的方式发现生命的意义：实现目标，体验价值，经历痛苦。”

——维克多·E. 弗兰克尔

精神病学家兼心理治疗师维克多·E. 弗兰克尔在他的书《活出生命的意义》中谈到了人类的存在及其意义。1942—1945年，弗兰克尔是纳粹集中营的囚犯。他抵达奥斯威辛时，迎接他的是一群看起来非常友好且精力充沛的囚犯。看到他们，他与其他同伴的反应都是一种被称为谵妄[①]的表现：在行刑前，囚犯相信自己会被赦免。然而，很快，所有的幻想都破灭了。囚犯们意识到，即使在最难以想象的糟糕境况下，他们除了忍耐别无他法。

弗兰克尔讲述了他在集中营里的生活，以及在如此绝望的境况下，是多么容易失去自我和一切动力。

在如此悲惨的时刻，弗兰克尔试图在自己的灵魂深处找寻一种方法以应对盘绕在他周围的恐惧，他找到的答案是：爱可以教化和拯救人类，就像爱有助于美德、艺术、音乐和诗歌一样。在集中营里，他们唱歌，并设法组织一些小型演出。幽默是一种宝贵的生存武器。弗兰克尔讲述了那些竭力不让自己被压垮的人的故事，他们的应对方式是给狱友的一个微笑、一块面包、一句好话。

在集中营里，除了精神上的自由，一个人的一切都将被剥夺，而正是精神自由可以用来对抗你正遭遇的一切。正是在如此艰辛的时期，弗兰克尔确立了自己的人生愿景，他想象着自

①**译者注：**谵妄（delirium）是指一种综合征，又称为急性脑综合征，表现为意识障碍、行为无章、没有目的、注意力无法集中。

己的未来：在一群聚精会神且兴致盎然的听众面前，做一场关于集中营囚犯心理机制的演讲。他以这种方式将自己从可怕的当下解脱出来，当他凝神注视那个场景的时候，仿佛眼下的一切均已消逝。

要找到并赋予你的生命以意义，关键是要了解自己有哪些价值观，以及你希望自己走向何方。在本章中，我将向你展示如何迈出第一步。

让我们一起看看你生命中的各个“领域”。此刻，你想详细探讨哪些领域呢？

你的生命轮①

花几分钟时间回答以下问题。

1. 工作—学习。你想成为怎样的专业人士或学生？

2. 关系。你想成为怎样的女儿、母亲、伴侣、姐妹或朋友？

---

①**作者注：**本活动和以下页面的内容借鉴了罗斯·哈里斯（Russ Harris）的*ACT*一书，本书由Franco Angeli出版社（米兰）于2016年出版。

3. 个人成长—健康。在下列清单中，哪些是你最想深入研究的，或者你想要遵循哪些行为准则以更好地与自己相处？在你最感兴趣的项目上打个“√”。

- 宗教
- 灵性
- 瑜伽
- 本性
- 身体锻炼
- 关照健康与福利
- 关照自己的饮食
- 关照自己的日常生活（例如，每晚至少睡 7 小时）

4. 娱乐—休闲。你想深入探索哪些爱好 / 兴趣？

____

____

____

____

____

靶心

在靶子的各个区域用“√”标出你生活的不同领域当下所处的位置。离靶心越近，表示离你的目标越近，意味着你的生活与你的价值观越相符。

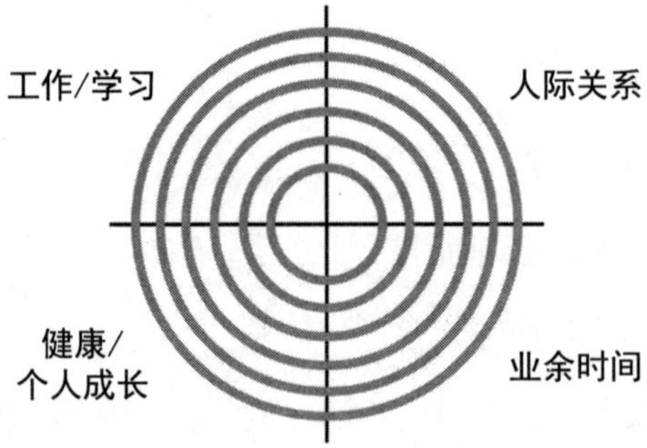

你在做这个活动时，注意到了什么？

____

____

____

____

你希望进一步发展哪个领域？

____

____

____

____

此刻，你面临的限制和阻碍是什么？

____

____

____

____

表盘

在每一块表盘上注明你对其所代表的生活中各个领域的关注程度："过多""过少""无"或"适当"。

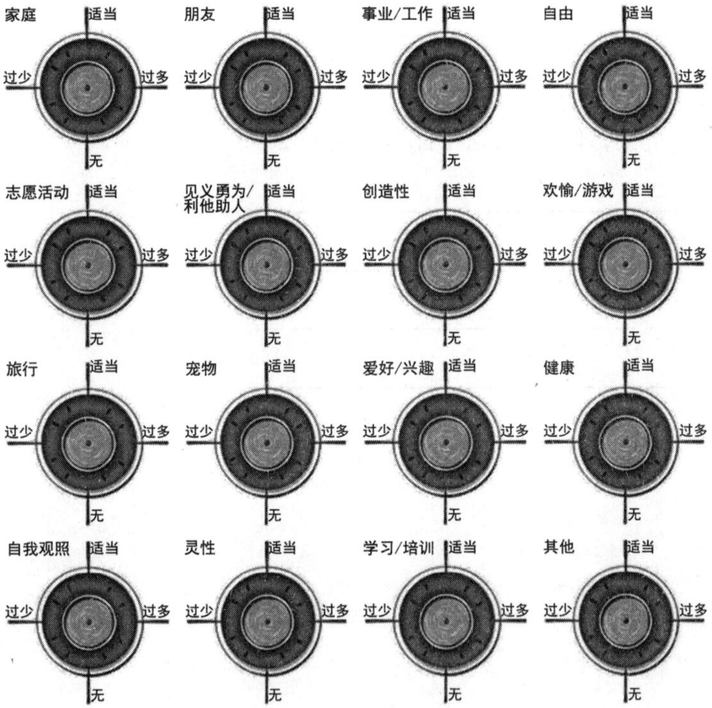

你正在哪些领域过度深耕？

____

____

____

____

____

你希望在哪些领域进一步钻研？

____

____

____

____

____

价值观与旅途的隐喻

想象一下，你开着你那辆漂亮迷人的红色老爷车走了很长的路。它虽古旧，但却美丽，并散发着一股不可言传的魅力，这种魅力赋予了它不可估量的时间价值。

也许，并非每个人都能够充分欣赏它，首先它跑不快，它需要遵守自己的时间与节奏才能到达目的地。其次与那些更现代的车型相比，它必须更频繁地停下来检查水位和油位，还要再查看下发动机。但这些根本不会降低它的价值。恰恰相反！正是它的不同之处使它更加卓尔不群。

高敏感女性就像老爷车，就像所有独特的事物一样，需要恰如其分的关照和细致入微的觉察。我经常在治疗过程中使用这个比喻，我的来访者也都觉得这个比喻非常恰当。

老爷车以最适当的节奏不慌不忙地行驶在自己的道路上。是的，也许旅途中它会被更快的汽车超过，但这并不重要。

我父亲总是喜欢以适中的速度行驶，正如他所说：当开得慢一些的时候，你才得以享受风景的美丽，只有这样，你才能既充分感知那个特殊时刻，又能保持对车辆的完全掌控。

如果你觉得自己落后了，或者觉得自己“不够好”，那么请记住这个比喻。

尊重自己的节奏，让自己有足够的时间充分享受和体验美妙的旅程。永远记住，要想真正地生活，你需要了解你的核心价值观是什么，以及价值观与目标之间的差异。

区分价值观与目标

“价值观是我们对如何与世界、与他人以及与自己互动的内心最深处的渴望，是此生我们想要做什么、想要如何表现、想要成为什么样的人、想要发展什么样的优势和品质。

“价值观就像指南针。指南针给我们指出方向，并帮助我们在旅行中保持方向。同样地，在人生旅途中，我们用价值观来选择我们想要前进的方向，并在前进过程中保持方向。所以，当我们朝着价值观的方向行动时，就好比向西走，无论你向西走了多远，你永远无法到达它，无论你走多远，总有更远的西方可去。而目标就像你在旅途中想要到达的目的地：你想去的地方，或者你想翻越的山峰。”

——罗斯·哈里斯

价值观，如正义感、诚实和仁慈，体现了我们在实现目标过程中所拥有的品质，但又不同于这些品质。目标是标志着我们生活进程的那些大大小小、远远近近的目的地，如完成学业、结婚、买房、创业、搬家等。

价值观是“持续行动所需的全部品质”。[①]

该定义包含两个方面：

- 持续行动，即在同他人的关系中，我们希望展现的相处方式。例如，我们想要成为善良、和蔼、热心的人。

聚焦价值观

你的价值观是什么？这里是一个积极价值清单。用“√”标出那些对你来说至关重要的词汇，并用1~10来评估每一个词汇在你生命中的分量。

---

①**作者注：**S.C.海耶斯（S.C.Hayes）、F.W.邦德（F.W.Bond）、D.巴恩斯-霍姆斯（D.Barnes Holmes）、J.奥斯汀（J.Austin）的定义，2006年。

• 可靠性 • 欢愉 • 利他主义 • 环保主义 • 雄心 • 友谊 • 爱 • 尊重动物 • 和谐 • 真实性 • 冒险 • 美丽 • 平静 • 一致性 • 协作 • 同情 • 竞争力	• 奉献精神 • 尊严 • 纪律 • 娱乐 • 义务 • 卓越 • 教育 • 优雅 • 同理心 • 热情 • 平衡 • 公平性 • 家庭 • 信念 • 忠贞 • 幸福 • 信任	• 独立 • 创新 • 正直 • 智力 • 领导力 • 忠诚 • 自由 • 本性 • 组织 • 和平 • 耐心 • 实用性 • 精确度 • 谨慎 • 准时性 • 责任感 • 智慧

• 分享 • 觉察 • 控制 • 勇气 • 正确性 • 创造力 • 个人成长	• 灵活性 • 力量 • 善良 • 慷慨 • 喜悦 • 正义 • 感恩 • 承诺	• 健康 • 简单 • 从容 • 坚韧 • 传统 • 平等 • 谦逊 • 幽默 • 毅力

- 全部品质，即将多种行为模式相结合。例如，你想弹钢琴，可能是因为它能让你放松，或者是因为你可以用音乐让别人开心。

回到价值观与目标之间的差异，我再举一个新的例子。比如，结婚是一个目标，与伴侣相爱是伴随终生的价值观。

价值观永远与我们同在

“你遇到的每个人都在经历一场你并不了解的战斗。要永远心存善意。”

——柏拉图

我们可以在任何时候培养我们的价值观，而目标则是面向未来。目标是目的地，价值观永远与我们同在。在生命的每一刻，我们都可以选择是否按照自己的价值观行事。

汽车里的两个孩子

罗斯·哈里斯的这个隐喻很有启发性。你们可以想象一下，有两个孩子坐在汽车后座，妈妈正开车带他们去迪士尼乐园。到达目的地需要 3 小时，其中一个孩子每隔 5 分钟就会问妈妈一次："我们还没到吗？"于是妈妈生气了，而孩子也变得紧张烦躁，糟糕的心情挂在脸上。另一个孩子则一直望着窗外，一边跟路过的汽车打招呼，一边饶有兴致地欣赏着沿途经过的乡村、农庄和工厂。3 小时后，两个孩子同时到达迪士尼乐园，都会玩得很开心，但两个孩子中只有一个度过了一段愉快的旅途。这是为什么呢？因为他不仅专注于目标，而且享受这段旅途。他在欣赏美景的同时，从沿途的所见所闻中汲取营养。简言之，他很重视这个过程，因为他尊重并遵从了自己的价值观。在回家的路上，第一个孩子还是在不停地问："我们还没到家吗？"而另一个孩子依旧望着窗外，充分享受着这段旅途，正被斑斓的灯火和在黑暗中看起来如此不同的一切吸引着。

价值观无须辩解

这就如同我们最喜欢的颜色：如果我非常喜欢粉红色，我并不需要证明我的偏好，我喜欢，就够了。因此，价值观是我们认为对自己有意义的东西，当然，前提是不能对他人造成伤害。事实上，只有当价值观是积极的时候，才永远不会伤害我们身边的人。这对我们 HSP 来说是显而易见的。

我的核心价值观之一是善良，虽然有时我的这种特质被认为是软弱的表现，但我认为善良是一个人不可或缺的品质。当然，我也喜欢遇到与我同样善良的人，但显然我不能把这种品质强加于人。

即使在最困难的日子里，我也总是力图展现这种品质，给那些需要帮助的人提供支持，并表示安慰。那一刻，我的幸福感油然而生，并且能感受到与自己的那一份内在和谐。

我是从父亲那里学到这一点的。我父亲对每个人都很友好，对每个人都展露微笑，我一直欣赏并钦佩他的这种品质——纵使在特别困难的时候，他也依然能够保持美丽的笑容，我认为这是人生赢家的表现。此外，善良也能促进积极的情感。事实上，我的父亲非常受人爱戴，每个和他在一起的人都感到无比舒适，因为他们觉得不会被评判，只会被接纳。

价值观优先

培养如善良这样的价值观并不意味着不设定界限或不受尊

重。例如，如果感到某人不喜欢我们，或者某人说话咄咄逼人，或某人表现得并不友善，那么离开就是正确的选择，甚至是必须要做的。

正如心理学家约翰·福赛思①（John Forsyth）所说，我们就像一个立方体，每个面有不同的颜色。即便有红色的那一面，也不是每个人都能看到。每当立方体改变位置的时候，我们看到的颜色也会随之改变。有些面会被隐藏起来，而有些面则会变得清晰可见。

价值观不应是僵化的

价值观交织在一起，帮助我们以一种更平静、更觉知的方式生活。然而，重要的是，不要不加评判地遵循，否则我们就有陷于过度僵化的危险。

回到老爷车的比喻，我们知道：在任何时候，我们都可以

①**译者注：**约翰·福赛思，博士，心理学副教授，纽约州立大学奥尔巴尼分校心理学系临床训练主任和焦虑障碍研究项目主任。他发表了大量论述“接受和体验回避”“情绪调节在人类痛苦中的作用”等方面的论文，担任几家主要的临床心理学杂志编委会委员以及《行为疗法和实验性精神病学杂志》的副编辑，也是《焦虑障碍的接受与实现疗法》和《为了生命而非愤怒》的作者之一。

重新调整我们的导航系统，即便我们清楚地知道我们要去哪里。

价值观应被自由选择

由我们自己来做决定。没人能把某种价值观强加给我们。正因如此，规划人生道路将会更加容易。

本章要点

- 想象你 80 岁了，你想和谁一起庆祝？你希望那时已经达成了什么目标？
- 价值观总是积极的，从不是消极的，因此绝不会伤害他人。
- 列出十几个对你来说很重要的价值观，并问问自己是否在日常生活中正在付诸实践。

第5章

慈悲与爱

“最严厉的法官，有时，恰恰就存于我们的内心。”

——弗朗西斯卡·桑塔玛丽亚·帕洛姆博

对自己的慈悲与爱

高敏感者往往会同情别人，但很少同情自己。你有过这样的经历吗？可能很多时候，也许太多时候，你都为自己说过或做过的事情而自责，却无法对自己表达同情，无法帮助自己，也无法觉得自己值得被同情、被爱。然而，当你面对他人的问题时，你却总是能够体会他的精神状态，与他“感同身受”，同情他，深深地理解他，乃至与他一起痛苦。

根据亚里士多德的说法，慈悲是一种痛苦的情感，它有三个认知条件：

- 慈悲是严肃庄重的，绝不简单和随便。
- 遭受痛苦的人本不应该遭受这样的痛苦。
- 发生在他人身上的事情可能有一天也会发生在我们身上。

如果我们认为自己可以免遭痛苦，那就不会有慈悲。

在佛教文化中，慈悲是以致开悟的四大美德之一。对我们这些高敏感者来说，慈悲几乎是一种与生俱来的情感，根本没必要教我们什么是慈悲，更无须敦促我们培养慈悲心。

那么，什么是慈悲呢？这是一种对他人与自己处境的特殊敏感性，并会引起自身一种想要减轻不适或痛苦的愿望。

慈悲是我的核心价值观之一。很长一段时间以来，我都对他人充满同情和理解，而对自己的同情和理解则极为匮乏。不过，通过训练和学习，在某个时点，我终于醒悟：我必须用爱来关照自己。

真正的慈悲是如何发展起来的？专注于关心他人，即照顾他人。对于一个高敏感者来说，照顾好自己的亲人或病人是天性使然，但学会照顾与疼爱自己却困难得多。

美国心理学家、非指导性疗法*的创始人卡尔·罗杰斯[①]（Carl Rogers）提出了一套有趣的方法，这种方法具有强烈的同理心和非评判性。

那么，以何种方式才能照顾好自己呢？

让我们从一些基于慈悲中心疗法*的简单练习开始。

---

①**译者注：**卡尔·罗杰斯（1902—1987），美国心理学家，人本主义心理学的主要代表人物之一。他从事心理咨询和治疗的实践与研究，主张“以当事人为中心”的心理治疗方法，首创非指导性治疗（案主中心治疗），强调人具备自我调整以恢复心理健康的能力。1947年当选为美国心理学会主席，1956年获美国心理学会颁发的杰出科学贡献奖。

三个圆圈

三个圆圈的练习将帮助你更好地理解所处的时刻，尤其是当你用爱来关照自己的时候。

通过三个圆圈的练习来揭示你是否处于平衡

在一张纸上画三个不同颜色的圆圈，其大小与你此刻生活中各个方面的情况成正比。

红色圆圈：表示你正在经历的担忧、焦虑和恐惧。

绿色圆圈：表示最能使你放松、最能恢复你活力的活动（如亲近大自然、听音乐等）。

蓝色圆圈：表示那些让你感觉良好，但又需要精力和情感付出的活动（如紧张的工作、搬家等）。

如果你的圆圈不平衡，即红色和蓝色的圆圈比绿色圆圈大得多，那么请休息一下，这对你很重要。

现在回答以下问题：

哪些人可以让你恢复活力？

____

____

____

哪些人最令你经受考验？

____

____

____

哪些活动可以使你感到放松？

____

____

____

哪些活动会耗尽你的精力？

____

____

____

你想改变这三个圆圈的大小吗？以什么方式呢？

____

____

____

从今往后，你想要什么？

____

____

____

克劳迪娅的故事

克劳迪娅是一位慈爱的母亲，一位孝顺的女儿，一位勤劳的妻子，也是一位伟大的劳动者。在一次治疗面谈中，她做了三个圆圈的练习。在练习结束的时候，发现她红色和蓝色的圆圈比绿色圆圈大得多。这是因为她认为绿色圆圈中的活动并不重要，甚至是多余的。休息对她来说无足轻重，因为她的首要任务是照顾亲人和保持工作效率。然而，在没有任何器质性原因的情况下，她患上了皮炎，并且频繁遭受焦虑和惊恐发作的侵袭。在这种情况下，她开始接受心理治疗，在此过程中，她去野外散步，学瑜伽，以滋养自己的“绿色圆圈”。通过实施这些小小的健康策略，在这段疗愈之旅开始后 5 个月，她渐渐感觉好了起来。正如她后来告诉我的那样，她的喉咙不再有梗阻感，她恢复了正常呼吸。

经常使用想象技术，可以激活“绿色圆圈”，帮助你体验积极的情感，从而感到宁静、满足、被呵护……

安全空间的想象技术

在安全空间的想象技术中，你必须想象一个让你感到安全并能保护你的地方。当我第一次做这个想象练习的时候，我记起了乡村的魔力。小时候，每个星期天，我都去弗罗西诺内省的皮格纳塔罗·伊塔姆纳镇（Pignataro Interamna）看望我的祖父母。在那里，我不仅可以和很多兄弟姐妹一起玩，还可以与小动物们亲密接触。那里生活节奏缓慢，凡事顺其自然。7 点起床后，我就去鸡窝里捡鸡蛋、剥玉米皮，还总是能想出新游戏和新主意。那些日子给我留下了非常美好的回忆，使我常常梦回乡村，那就是我的安全空间。我可以在那里充分表达自己，在那里我感到宁静与安心。

琳达的故事

琳达永不停歇。她每天都被太多的日常事务牵绊而忙得不可开交，她总是把自己放在次要位置。在我们的治疗过程中，琳达确定了自己的安全空间——她孩提时代的小卧室。终于，她在那里再次感受到了平静与安宁。她发觉每当自己被过于紧张的生活节奏压得喘不过气来的时候可以躲在那里，这对她来说是非常重要的，因为这样可以帮助她恢复内心的平衡与活力。

创造你自己的安全空间

现在轮到你啦！为了使这个想象技术更有效，你可以遵循以下提示，并将所想象的内容记录下来。

- 想象一个让你感觉安全、宁静和幸福的地方，一个让你有安全感的地方。
- 或许，那是一个被夕阳染成粉红色的海滩。任由周围环境中的每一种气味、每一个声音环抱着你。
- 又或许，你可能会发现在自己面前的是一个已点燃的漂亮壁炉。你正喝着一杯花草茶，或是一杯热巧克力。你被甜蜜的温暖包围着，你终于摆脱了所有的忙碌。

- 现在，你在一片极美的森林里。树叶在微风中翩翩起舞，透过枝叶缝隙射下的阳光闪烁在地面上。想象一下微风拂面的感觉。屏气凝神于树叶间，关注周围环境里的每一个微小的细节。
- 此刻，你置身于群山之中。你平静而和谐地与自己相处。你仰望天空，感受新鲜清澈的空气，所有的烦恼都消失了。就在此时此地，你尽情享受着这一切。
- 现在，选择你自己的安全空间。在想象它的过程中，在每一次你见到它的时候，都力争让所有的感官参与进来：视觉、听觉、嗅觉、味觉、触觉。这是你为自己创造的最安全、最私密的地方。充分体验当下的每一种情绪和感觉。每天花 10 分钟做这个练习，随着时间的推移，这种“依偎”将会成为你与幸福的约会。

找到你的慈悲人物

慈悲人物是不评判的，是接纳和保护我们的。他们有三点独特之处：智慧、坚强、乐于助人。

慈悲人物是智慧的

“智慧不是接受来的，我们必须在走过一条没有人能提供帮助，也没有人能绕过的道路后，自己去发现它，因为它是一种看待事物的方式。”

——马塞尔·普鲁斯特[①]（Marcel Proust）

①**译者注：**马塞尔·普鲁斯特（1871—1922）是20世纪法国最伟大的小说家之一，意识流文学的先驱与大师。1984年6月，法国《读书》杂志公布了由法国、西班牙、联邦德国、英国、意大利的报刊读者评选的欧洲十名“最伟大作家”，普鲁斯特名列第六。

“智慧是由知识和判断形成的一个整体，通过与生命意义相关的重要的、困难的和不确定的问题表现出来。”

——保尔 · 巴尔特斯[①]（Paul Baltes）

1985年，美国心理学家、认知发展学家罗伯特 · 斯滕伯格[②]（Robert Sternberg）进行的一项研究表明，智者具有以下特征。

- 推理能力。智慧的人能够评估问题，并提供有效的解决方案。
- 对人性的理解能力。因为与不同的种族、文化和民族接触，故而了解人性。
- 从错误与经验中学习的能力。将错误变成学习和成长的最佳机会。
- 判断能力。在讲话之前，会认真思考，敏感而富有慈悲心。

①**译者注：**保尔 · 巴尔特斯（1939—2006），德国著名的发展心理学家。他提出了发展研究中的方法学问题、智慧的毕生发展研究和毕生发展理论、选择补偿最优化理论以及成功老龄化理论等。

②**译者注：**罗伯特 · 斯滕伯格，1949年出生于美国新泽西州，20世纪美国心理学家和认知心理学家，是智力三元理论的建构者，也是首倡人类爱情三元论的心理学家。

- 博学多才。成熟、进取，喜欢了解并深入探究事物每个方面。
- 对世界有良好的认识。具有超强的直觉和洞察力。

怎样才能变得更加睿智？根据保罗·梅齐尼[①]（Paolo Meazzini）教授的说法，需要以下条件。

- 努力工作，实现目标。因为智慧是后天习得的，并不是与生俱来的。
- 勇于尝试新事物，培养广泛兴趣（如音乐、摄影、历史、电影、体育等）。
- 深入了解历史名人。例如，如果我们考虑女性主角，那么了解玛丽亚·蒙台梭利[②]（Maria Montessori）、弗里达·卡罗[③]（Frida Kahlo）、玛丽·居里[④]（Marie Curie）、

①**作者注：**保罗·梅齐尼在威尼斯大学任教，曾是夏威夷、明尼苏达和俄勒冈各大学的访问学者。他是《心理学与学校》和*HD*的编辑。

②**译者注：**玛利亚·蒙台梭利（1870—1952），意大利幼儿教育家，意大利第一位女医生、第一位女医学博士，女权主义者，蒙台梭利教育法的创始人。

③ **译者注：**弗里达·卡罗（1907—1954），知名的墨西哥女画家。

④**译者注：**玛丽·居里（1867—1934），世称“居里夫人”，全名玛丽亚·斯克沃多夫斯卡·居里（Maria Skłodowska Curie），法国著名波兰裔科学家、物理学家、化学家。

奥普拉·温弗瑞[①]（Oprah Winfrey）等人的生平可能会很有意思。

- 认真掌握第 3 章中所讨论的问题解决的各个步骤。
- 找到自己与他人利益之间的平衡点。对我们高敏感者来说，我们更容易认同他人的观点，理解他人的各个方面；不过，重要的是，不要忘记我们自己。我们必须创造一个仅用于感知自我的空间。

慈悲和智慧的人是不评判的。这并非易事，因为头脑天生就喜欢做判断，但过于挑剔的头脑会给自己的内心世界和与他人的关系带来伤害。

评判意味着价值评估，对其赋予了积极或消极的内涵。而不评判则可使我们客观地观察现实，不赋予它任何隐含的意义，并帮助我们觉察到自己的情绪反应。

评判态度的后果是什么？

- 损害人际关系。回想一下我们生气的那一刻。评判带来了什么？很简单，我们需要花更长的时间与对方言归于好。
- 评判对情绪有负面影响。给生活中的一切所见所闻都

① **译者注：**奥普拉·温弗瑞（1954—），美国演员、制片人、主持人。

贴标签，使我们产生消极情绪。

- 过度分析会阻碍我们做出改变，并常常使我们陷入困境。这就是高敏感者有时特别敏感易怒的原因，他们对现实过于谨慎和警觉，以至于执拗地评判着每一个细节、每一个字符。

如何才能少一些评判呢？

- 当评判性的想法浮现在你脑海中时，保持警惕。
- 客观描述正在发生的事情。
- 关注你正在经历和感受的情感。

慈悲人物是坚强的

“我们每个人体内都有一种意想不到的力量储备，当生活考验我们的时候，它就会出现。”

——伊莎贝尔·阿连德（Isabel Allende）

坚强的人是温柔的，也是敏感的。通常，人们认为感情丰富的人并不坚强，其实并非如此。

敏感而坚强的人具有很多优点：

- 他们可以不加评判地倾听。
- 他们非常善解人意。
- 他们很有韧性，因为他们能从糟糕的经历中吸取重要教训。
- 他们乐于独处，甚至有些时候他们需要独处。
- 他们知道设定界限。当察觉到某人或某物侵犯了他们的空间，他们知道如何通过明确地说“不”来维护它。

慈悲人物是乐于助人的

亲社会行为，即推动我们帮扶救助他人的行为，通过树立同情、合作、友善和慷慨等价值观来帮助他人创造幸福的同时，也让我们变得更坚强、更快乐。

正是这些自发行为可产生积极的效果：帮助老人过马路，给有困难的邻居送个蛋糕，协助某人完成一项对他来说艰巨的任务。

香港大学的一组研究人员于2020[①]年发表在《心理学通报》

①**作者注：** Hui B. P. H., Ng J. C. K., Berzaghi E., Cunningham Amos L. A., Kogan A. (2020),《善良的回报？亲社会性与幸福感之间关联的荟萃分析》,《心理学通报》, 10.1037/bul0000298。

（*Psychological Bulletin*）上的荟萃分析①（Meta分析）证实了这一点。这项研究证实了利他行为与幸福感之间的相关性，即善行有助于建立更牢固的社会联系，特别是自发的施善行为会打破常规，从而发展出所谓的认知灵活性*。

帮助他人，为我们所做的事情赋予了崇高的意义，有助于我们培养幸福感。从伦理学上讲，追求幸福，即为人生目的。

莉西娅的故事

莉西娅长期以来被内疚困扰。在治疗过程中，她为自己塑造了慈悲人物。她设想了一个没有明确面孔的盲人，一个亲切、热情、善于接纳的人。他们一起待在一座岛屿上，并在这个环境中感到格外自在安然。莉西娅之所以选择这个人物，是因为他能够完全觉知，并且能够将自己的困难转化为巨大的动力。他已经发展出了一种重要的触觉敏感性，以及令人难以置信的思想深度。

有了这个慈悲人物，她甚至还可以幻想自己跃入大海，自

①**译者注：**荟萃分析，即Meta分析（Meta-analysis），是用于比较和综合针对同一科学问题研究结果的统计学方法。当多个研究结果不一致或都无统计学意义时，采用该方法可得到接近真实情况的统计分析结果。

由自在地尽情欣赏鲸鱼的美丽和大自然中的美妙声音。

每当感到悲伤或沮丧的时候，她就会想起这个人，因为和他在一起，她觉得自己不会被评判，她可以完全做自己。通过心理治疗，莉西娅终于认清：多年来她一直委曲求全。任何重要事件都会迫使她深陷其中，虽然她一直担心自己不够强大，不足以扭转什么。治疗打开了她的视野，让她与内心世界深度联结，并让她从蜷缩在保护自己免受生活及其风险侵害的角落中走出来。她甚至曾对自己的幸福也担惊受怕。

现在，她已认识到自己拥有不可思议的天赋，并重新投入与生活的抗争之中。直面某些问题是痛苦的，但却是必要的。我们可以通过超越它、揭示它，以及暴露自己最脆弱的部分来克服痛苦。虽然莉西娅仍想把自己的一部分隐藏起来，但另一个更温柔、更富有同情心的部分，她想要让它显露并展现出来。

描述你的慈悲人物

现在，想象一下你自己的慈悲人物。重要的是，你这个想象力的结晶要体现我们之前提到的三种品质。你可以描述一下他吗?

- 你的慈悲人物会有什么样的声音?
- 你希望你的慈悲人物跟你说些什么?
- 你希望如何对待你的慈悲人物?
- 你想跟他说些什么?

现在，闭上眼睛，试着想象一下。如果你愿意，可以将以下文本记录下来，以便作为练习时的引导语。

保持平稳的呼吸节奏。如果你喜欢，也可以把一只手放在心口上。回到你的安全空间，一定记得，这个地方就在那里，随时欢迎你。很快，就会有一位访客到来，是的，你将会遇到你的慈悲人物。

你的慈悲人物是智慧的，他知道有一些经历影响了你，他接纳你的所有痛苦。他的行为践行了柏拉图的告诫：“你遇到的每个人都正在经历一场你并不了解的战斗。要永远心存善意。”他知道你正在遭受的一切。他知道你一直都在尽自己最大的努力。他不会评判你。他接纳你本来的样子。

你的慈悲人物非常坚强。他不会被你的情绪所左右，但他会分担你的痛苦。他很欣赏你，他特别关心你。他想帮助你渡过难关。他从迷雾中向你走来，与你碰面。你有什么样的感觉？他会跟你说什么？你想跟他说什么？

此刻，他深情而热烈地凝视着你，他热切地期待你能与自己和谐相处，他希望你一切安好。他正跟你说着你此刻刚好想听的话。他邀请你一起聊天，你可以充分表达自己的想法、情绪和感受。你向他讲述你所处的这个艰难而微妙的时刻。他用心倾听，然后给了你一个小物件。

是什么？你可以给它赋予意义，并细心保存。

感谢他与我们一起度过的时光。

记住，这个慈悲人物就在你心里，你可以随时邀请他回来。

慈悲人物其实是你的一部分

找到你的慈悲人物的练习非常强大。你必须知道，慈悲人物已经是你的一部分。每当你有疑问或困惑时，只要你认为有必要，就可以和他聊聊。你们可以一起理解、感受和行动，渐渐地，你的内疚感将会逐渐减弱。

现在我想问你几个问题，只是想再强调一下你内心深处的那个人。

试着回忆一段你表现得像你的慈悲人物的经历。

- 你是怎么做的？

- 是否与你的价值观保持一致？
- 在那一段经历中，你帮助并支持了谁？

克利齐亚的故事

高敏感者很少与自己联结，克利齐亚的内心极度缺乏安全感。通过这个慈悲人物的具象练习，她确信这个人其实就是她自己，只不过比自己大了 10 岁。

因此，她因更丰富的人生经历，而有能力将创伤转化为资源。她穿着白色衣服，美丽而动人，克利齐亚选了一个可以俯瞰罗马市中心的顶楼，她在那儿与她亲切交谈。从顶楼往下看，仿佛每个问题都突然变得微不足道。多亏了她，她意识到在自己的内心其实已经有了很多答案，只因被内疚感和严苛且持续的自我评判困扰着而蒙蔽了双眼。

停止内心的审判！

你有多少次评判自己？为了让那个经常批评和折磨你内心的法官闭上嘴巴安静下来，我建议你做一个简单的练习。

让你内心的法官闭嘴

请诚实回答以下问题。

你为什么批评自己？

- 为了客观评估自己。

  是 或 不是

- 因为我想变得更好。

  是 或 不是

- 因为我不接受平庸的表现。

是 或 不是

- 因为我要为自己犯的错误惩罚自己。

是 或 不是

- 因为我要保护自己免遭失望或失败。

是 或 不是

- 因为如果我看起来很脆弱，别人就会更喜欢我。

是 或 不是

- 因为这让我能够掌控自己的所作所为。

是 或 不是

- 因为这是家庭惯例。

是 或 不是

你最近一次评判自己是什么时候？

____

____

____

____

你有什么感觉？

____

____

____

____

你第一次评判自己是什么时候？家里曾有人这样做吗？

____

____

____

____

如果你停止评判自己，会发生什么？

____

____

____

____

提升自尊

“学会喜欢自己。你对自己的看法比别人对你的看法重要得多。”

——塞涅卡（Seneca）

经常重复某些句子有助于你更爱自己，更专注于自己。高敏感者可以慷慨地赞美他人，但却很难对自己这样做。学会真正地爱自己是非常困难的，因为高敏感者往往认为这是一种自私自利的行为。

有多少次你都是把你所爱之人的幸福放在自己的幸福之前，也许你认为这才是正确的，甚至是应该的！

爱自己，对于避免陷入悲观与自怜，摆脱自卑和内疚至关重要。另外，它还有助于更好地去爱他人。如果没有对自己健康的爱，我们会失去很多机会，无论是在人际关系方面，还是在工作领域。

可是，我们应该如何改善与自己的关系呢？

在接下来的内容中，我将给你提供一些小技巧。

回声综合征

“知道对方错在哪里其实没那么重要，因为我们对此无能为力。知道我们自己错在哪里才有意义，因为你可以为此做点什么。”

——卡尔·古斯塔夫·荣格

艾柯的神话

从前，有一个名叫纳西索斯的英俊少年。他爱上了自己的影子，甚至会忌妒自己，他根本不想以任何方式与他人建立情感联结，他的大部分时间都独自度过。

在一次狩猎中，他遇到了美丽的仙女艾柯（Echo），艾柯疯狂地爱上了他。但在高傲的纳西索斯心中，根本没有地方容得下这个可怜的姑娘。从那天起，艾柯就开始追随着纳西索斯，无论他走到哪里，只要能远远地看着他，她就很满足了。因为宙斯的妻子赫拉对她的惩罚，罚她丧失正常的表达能力，她只能重复她听到的最后一个词，所以不敢上前跟他说话。一天，纳西索斯试图和她说话，可是艾柯只重复了他说的最后一个词作为回答。以为自己受到了嘲弄的纳西索斯落荒而逃。于是，极度痛苦的艾柯躲进山洞，却仍在毫无意义地重复着纳西索斯的最后一个词，尽管纳西索斯听到了，但他再也没有回到她身边。被悲伤和泪水吞噬的艾柯逐渐消失，身体变成了岩石，只剩下她的声音在空中回荡。

回声综合征得名于艾柯的神话。她是被宙斯的妻子赫拉诅咒的仙女：她只能重复听到的最后一个词。

这个人物代表了所有那些每天都在努力发出自己声音的人，他们感觉自己似乎是隐形的，为了被接受，他们会表现出殷勤讨好的取悦模式和行为。对高敏感者来说，这是经常发生的事情。

高敏感者，脆弱且缺乏安全感，可能会被支配型人格诱惑，甚至被操纵。因此，他们无法与之建立健康的情感联结。

患有回声综合征的人可能会发觉表达自己的意愿和需求比较困难，并倾向于为他人而活。也许，回顾你的过去，你已经发现了自己与这个故事的某些相似之处。可能你也同样只是不停地重复、重复，你也犯着同样的错误，或者说做着同样的错误选择。但你仍旧把自己的需求放在第二位，把帮助和支持他人放在第一位，这都是你超强的共情能力[①]所致。

你必须知道，爱，对自己最基本的爱，需要做的第一件事就是远离所有那些不允许你的自尊健康成长的失调关系。这并非是以消极的方式指责他人，而仅为表达那些关系确实无效，我们需要接受这个事实。

如果你碰巧感到依赖于一种或多种关系，那么识别并处理一些关键问题是极为重要的，这是开启自尊与接纳之路的必要途径。

- 你有多依赖他人，尤其是他人的认可？你需要通过他人才能真正感到自己的完整吗？
- 记住自己的优势，并把它们写在彩色的便利贴上，贴

①**译者注：**共情能力（empathy），或译作移情能力，指的是一种能设身处地来体验他人处境，从而达到感受和理解他人心情的能力。共情是指可以深入到他人的主观世界，感同身受地理解他人的能力。

在家里的各个地方。

- 学会原谅自己。记住，任何经历，无论有多么糟糕，都可以让我们得到有关自我的深刻领悟。
- 学会相信自己的直觉。试着找出问题所在，如果你无法用言语表达，那么就试着把它写在纸上。
- 远离一切让你不开心的事和不尊重你的人。

在接下来的活动中，我将给你提供一些可以使你最大限度地关注自己并建立自尊的小技巧。

自尊小练习

分别写出 5 个最能代表自己的消极和积极的特征。

消极特征：

1. ______________________

____

____

2. ______________________

____

____

3. ______________________________

____

____

4. ______________________________

____

____

5. ______________________________

____

____

积极特征：

1. ______________________________

____

____

2. ______________________________

____

____

3. ______________________________

____

____

4. ________________________

____

____

5. ________________________

____

____

现在来研究一下你的消极特征。至少回忆起一个你以相反方式行事的场景，例如，你认为自己缺乏耐心，但那一次你却表现出了极大的耐心。

1. ________________________

____

____

2. ________________________

____

____

3. ________________________

____

____

4. ______________________________

____

____

5. ______________________________

____

____

向朋友和家人询问你的特质。把你收集到的内容都记下来，然后将你在这个活动过程中的想法、感受和情绪写在下面。

____

____

____

____

____

____

本章要点

- 学会给自己慈悲与爱。
- 了解自己是否处于平衡状态的三个圆圈的练习。
- 安全空间的练习。
- 慈悲人物已经在我们心中。
- 让内心的法官闭嘴。
- 提升自尊。

| 第 6 章 |

加工想法

你知道你每天会产生大约 6 万个念头吗？我们的大脑一刻不停，差不多每秒钟就会产生一个念头。对高敏感者来说，这个数字可能会更加庞大。因此，在一天结束时，你感到筋疲力尽，这很正常。

据研究统计，我们日常的想法中几乎有 80% 是负面的，比例惊人吧！

幸运的是，有很多技术可以对我们的想法进行“加工”。其中之一就是认知重构①，这是一种认知行为心理治疗技术，可帮

①**译者注：**认知重构（Cognitive Restructuring, CR）是认知行为疗法（cognitive behavioral therapy）的一个重要组成部分，现在被广泛认为是心理治疗的黄金标准，它包括挑战和改变那些导致无益情绪的潜在想法。

助我们认清：想法并不是现实，它们只是假设，它们只是……想法而已！

当然，这并不意味着在某些情况下，想法没有现实的基础。只是，我们需要知道，对于发生在我们身上的每一件事，除了时刻潜伏着的负面思维，还有一种更具建设性的思维方式，它可以帮助我们从不同视角去看待同样的情况。

因此，对于每一个消极想法，请你试着在理性实验推理的基础上找到对现实的新解释。一开始你可能会感觉很累，但通过练习，这不仅会变得非常容易，还会让你的思维方式更具灵活性。

这是一项允许质疑想法，评估其逻辑性或有效性，并用更理性的想法取代那些非理性想法的技术。

练习重构消极想法

试问自己：这个想法是基于具体事实吗？还有什么其他方式可以解释这个想法中所包含的信息呢？

让我们举几个例子。

“如果每个人都不喜欢我，那就意味着我一文不值”可以建设性地替换成“即使有人不喜欢我做的事，我也依旧是有价值的”。

“这次考试，我没能得到想要的分数，我一无是处”可以变成“我应该改变我的学习方式，并在下次考试之前做一些放松练习”。

“是的，我在工作中得到了晋升，但是他们之所以选择了我，只是因为没有人想要这个职位，而且，我真的不认为我有这个能力，他们很快就会发现的……”可以重构为“他们选择我，是因为他们现在已经了解我了，他们知道我具有这个职位所需的潜力，我虽然有些不足，但可以弥补。我将向我的前任了解所有相关信息”。

建设性的替代方案也意味着建立积极肯定，以取代无效与模糊的思维模式。

现在就开始你的练习吧。

转变你的想法

在这里写下此时你脑海中的消极想法。然后，再为每个消极想法提出两个建设性假设。

消极想法 1

____

____

____

建设性假设 1

____

____

____

建设性假设 2

____

____

____

消极想法 2

____

____

____

建设性假设 1

____

____

____

建设性假设 2

____

____

____

消极想法 3

____

____

____

建设性假设 1

____

____

____

建设性假设 2

____

____

____

船上的恶魔

想象一下，你正驾驶着一艘船在海上航行。在船上的角落里，躲藏着一些恶魔。倘若你并没有一个明确的目的地，这些恶魔就不会跑出来打扰你。但是，如果你有一个明确的目的地，它们就会跳出来挑衅你、挑战你。一开始，为了不让它们出现在你面前，你可能会漫无目的地漂泊。但在某个时刻，你突然意识到这样的生活毫无意义。这些恶魔就代表着想法、情感、记忆和冲动，你既不能把它们关起来，也不能把它们扔进海里。相反，你必须面对它们，了解它们，并学会接纳它们。也许随着时光的流逝，其中一些会慢慢消失；可是，对于其余的那些，你必须学会与它们共生。

建设性的想法和功能失调性的想法

在消极的、功能失调性的想法中生活并不容易，但是 ACT 治疗中关于船上恶魔的故事（详见 151~152 页）[①] 可能会对你有所帮助。尽管生活给我们带来了许多阻碍（其中许多阻碍往往是由我们的头脑造成的），但我们必须知道：通过有效的内在对话训练，我们可以学会管理和控制它们。随着时间的推移，消极的或功能失调性的想法可能会给我们带来伤害。无论一个想法是否基于现实，它都不应该给我们的内在成长带来显著影响。唯一重要的是，要搞清楚它是否对我们有益。假设我们不小心把搅拌机弄坏了，我们非但没有正确认识这件事，也没有对其

---

① **作者注：** 罗斯 · 哈里斯（Russ Harris），《幸福陷阱》，Erikson 出版社，2010 年。

进行理性的和建设性的评估，而是被深深的内疚折磨到异常羞愧。也许我们还会通过对自己说一些消极的、令人沮丧的话，如“我真是个傻瓜，我真没用”来强化这一点。

嗯，很明显，我们对一件事或一种环境的应对方式会改变我们的生活意志，会改变我们的感受和采取的行动。

你可以力求弄清消极想法是否真的有事实依据。然而，我想问你的是：知道这一点真的有那么重要吗？这对你的成长有帮助吗？

如果你的答案是肯定的，那么你应该专注于这些想法。

另外，再问问自己以下问题：

- 这是一个可以帮助我成为我想成为的人的想法吗？
- 它能让我建立我想要的关系吗？
- 它是否有助于我实现目标？
- 它是否与我的价值观一致？
- 它是否有助于我创造一种充实、丰盈且有意义的生活？

让我们成长的想法

在 ACT 治疗中，一个想法是否真实并不重要——正如我们在上一段中所看到的——重要的是，它对我们的成长是否有益。如果一个想法是建设性的，并且符合我们的价值观，那么就应该坚持它，否则就必须让它飞走，就像一个消失在地平线上的气球一样。

例如，在分析一段爱情结束的原因时，你可能会认为："我很丑，我不够好，我再也找不到愿意和我在一起的人了。"

又如，在盼望怀孕的时候，你可能会想："我永远都不能生孩子了。"

再如，当你在工作中犯了一个错误的时候，你可能会说："我不称职，我能力差。"

嗯，这种想法根本不会让你成长，而获得真正的成长才是最重要的。如果你学会建立自尊，你将能够以建设性的方式面对同样的现实。

例如，当一段爱情结束的时候，你应该知道这并不是因为你有问题，而是因为在经历了许多之后，这段感情到了该结束的时候了。又如，当你在备孕期间一直没有怀孕，可以积极地关注一下自己的身体和健康，然后再选择一位优秀的妇产科医生。再如，工作中出现错误，重要的是要学会复盘反思、分析错误，当然这并不是为了自责，而是为了努力改进，避免重蹈覆辙。

因此，我们一定有时间、有方法使我们内心的花园绽放。正如我们所看到的，自我评判的想法对内在成长无益，所以问自己两个简单的问题：

- 以前，我对自己说过多少次同样的话？
- 这种想法对我的成长是有益，还是会将我击垮？

好吧，我无法向你担保在通往觉知的艰难道路上会立即取得成果，然而，永不开始，则永无到达！

想法是我们讲给自己的故事

就是这样的。正如ACT治疗中所说的，我们的故事是连续的、不间断的。所以，你不妨立即着手练习以积极有效的方式控制思绪的流动。

让我们从一个重要方面开始：我们的信念可能会随着时间的推移而改变，因此我们不能永远坚持下去。

举个简单的例子：你在小时候可能相信有圣诞老人，而如今，我想你可能会觉得其他事情更可信！有助于你创造丰盈而有意义的生活的想法至关重要，并且非常有价值，但一定要小心，不要过度依恋它们。

冒名顶替者综合征

通常，产生有害负面想法的典型情况是由冒名顶替者综合征引起的。当经历了巨大牺牲之后，得到了回报，并获得了应有的认可时，这种综合征就会发生。我在接受一家知名报纸的采访时曾详细地谈到了这一点，当时那些曾经困扰我的“幽灵”又回来探望我。即便现在，即使我正在写这本书的时候，“它们”有时也仍然会来陪伴我。比如，我承认，哎呀！我不该说出来的。心理学家应该总是表现得“坚强”和“自信”。不过，我想消除这种陈词滥调。我是人，我是一个高敏感者，我和你一样。

在这里，我向你介绍困扰着我的那些“幽灵”：

“你还记得上高中的时候吗，同学们对你的评价是呆板乏味。”

“你曾经深爱过的一个人不断告诉你，你没有个性，学习心理学只会让你挨饿……”

“在刚上高中不久的时候，你因为焦虑而欠下了两笔人情债……”

“可是你想要去哪儿？”

“这一切都会破灭的，你等着瞧吧。”

我得说，随着时间的推移，这些“幽灵”已经逐渐平淡褪色，而且几乎变得空洞，但它们是我成长道路上的一部分。事实上，我不得不承认，有时它们甚至于我有益，我甚至发现它们会令我振奋，并给我以力量，因为它们提醒我（正如前文中船上恶魔的比喻一样）：当你要踏上一段重要旅程时，可能会有一个小小的初始成本——必须应对恐惧。

19 岁那年，我和我的“幽灵”产生了激烈的冲突，因为我对它们感到强烈的愤恨不满。就在那时，我向自己保证，我会注视它们、面对它们，但不是为了评判它们，而是为了和它们一起喝杯茶。我根本没有复仇的欲望，恰恰相反。事实上，我感谢所有那些信任我和不信任我的人。因为正是在逆境中，你才会认清自己的价值、走好自己的道路，以及弄明白要做些什么以砥砺前行。

我决定，我再也不困惑失落，我接受了这些“幽灵”，我接受它们为的是让它们最终离开。我也领悟了如何在情感上保护自己，如何远离那些和我共同走过一段或长或短的旅程的人，因为那段旅程现在已经结束。

之所以结束并不是因为参与其中的人“错了”或“坏了”，而是因为这段关系到了该结束的时候了，也是因为我们不再拥有相同的价值观，于是走上了各自的道路。但我并不否认这段旅程，因为无论这段旅程是好是坏，它都让我成长，并教会了我一些非常重要的东西。

“不要害怕失去任何人。你只需害怕为了取悦你周围的人而迷失自我。”

——《可可》，迪士尼电影（*Coco*，Disney film）

认知解离技术*

正如我们所看到的，大脑从未停止思考，甚至在我们做梦的时候也不会。

我将向你展示的这项技术，来自 ACT，它将帮助你对抗困扰你的功能失调性[①]想法。这种被称为“认知解离”的技术可以自主地应用于没有过度创伤的记忆、思想和经历中。而如果你经历过严重创伤，我建议你采用 EMDR，因为它有助于重新构

①**译者注：**功能失调性假设是贝克关于情绪障碍的认知模型中较为深层次的部分。功能失调性假设是人们看待世界（人、事件、环境）的重要信念和假设。人们从童年时期开始通过生活经验建立对将来的认知图式，是一种比较稳定的心理特征，通常不予表达，不为意识所觉察，在其后的生活中，继续得到修改与补充。人们倾向于选择与图式一致的信息，忽略不一致的信息，这成为支配人们日常行为的规则。由于功能失调性假设存在，患者对某些重大事件表现出脆弱性，由此派生出大量负性自动想法。

建当前或过去的此类事件。

回想一件让你一直感觉很糟糕的事情。想象一下把那一刻投射到大屏幕上，而你是一位观众，你正观看着所发生的一切。你可以试着去调整一下这些影像画面，如彩色转黑白色、增加亮度等。只把这些影像当成影像，记住它们仅仅是根本不会伤害你的影像。

你还可以为画面添加字幕，比如“我的失败故事”，或者配上一首好玩的歌曲作为背景音乐。每天至少花 5 分钟做这个练习。随着时间的推移，你将会从另一个角度来看待这段回忆。如果你觉得自己被某个画面或某段回忆完全搞糊涂了，我建议你开启一段治疗之旅。

而对于那些还没有那么令你不安的画面，你也可以采用其他的解离技术。

例如，如果你担心面试失败，你可能会想，“瞧，这是我在面试中失败的画面”，或者“瞧，我正在琢磨面试搞砸了”。

通过这种方式，你可以将自己从困扰着你的影像或想法中解脱出来。也许在这里有必要感谢一下你的大脑，因为它可以给你展示记忆的影像。

解离主要是为了接纳，注意，学会接纳是很重要的，因为在生活中很可能会出现困扰你的新的负面影像或想法。

解离是一种生物机制，它能让我们想象可能出现的危险，正是在这种机制下，我们的祖先能够抵御野生动物、自然事件或者其他生物无法预见的境况。这种机制对于现在的我们来说，其用处似乎要小得多，但是这种进化出来的天赋仍然在我们身上发挥着作用，因此，最好给予它应有的重视，并学会管理和使用它。当然，这并不容易，必须通过训练，才能让那些不受欢迎的想法、文字和画面仅仅作为想法、文字和画面。

任其流动

莉西娅的故事

莉西娅的父亲因重病去世。从那一天起，她的生活似乎停滞了，并且不再吃东西。她的胃口就那么突然消失了。作为一个高敏感者，她无法承受打击。除了“干净的痛苦”*（失去亲人），还增加了“肮脏的痛苦”*（饮食失调）。因此，莉西娅不仅需要生理上的治疗，还需要心理上的关注。

她接受了 ACT 治疗，学会了用扩展技术——给予我们的感受以自由的空间，而非压抑它——来直面自己可怕的心魔。我们将在之后的内容中更详尽地讨论这个问题。

在 ACT 治疗中，每一种情绪，无论是积极的还是消极的，都应该被允许流动。这些心魔需要被看到并处理。

我根本不相信伪积极思维理论，这种理论否认问题的存在，不允许将负面事件视为成长的机会，它试图抑制消极想法，而不是给予适当的空间（这并非源自心理学或科学研究）。压抑思想是不可能的。你对自己说你不想要粉红色的熊，但你其实是想要的，对吧?

此外，作为一个高敏感者，你一定会意识到，有时候你需要去深深地感受你所经历和体验到的每一种情感。你需要去听那些你深爱的、让你感动得热泪盈眶的音乐；你需要去看看大海，去接触大自然，去看一部会带来反思的电影；你需要聊一聊你的过去，做一做白日梦，去和你爱的人共度时光。这些正是我的抽离方式。

“我们似乎需要时不时地潜入心海深处，重新发现自己，从内心重拾生机，当再次回到这个世界的时候，我们将变得更加坚强有力，更加充满活力。”①

——尼科莱塔·特拉瓦尼②（Nicoletta Travaini）

①**作者注：**尼科莱塔·特拉瓦尼,《敏感者的天赋》，Red！出版社，2018年。

②**译者注：**尼科莱塔·特拉瓦尼是一位临床心理学家和心理治疗师，还是一位出版社作家，励志演说家、TED演讲者、教练和培训师，临床催眠、神经科学、正念和生物能量学专家，高敏感性和加禀赋的国际治疗师。

我完全赞同并认可这些话。此刻，我正在大学期间以及学习心理治疗专业时和哥哥一起住的房子里写作。房子很小，但很舒适、很温暖。我一直很喜欢那里。当我在那里写作的时候，我感受到的是糅杂在一起的激动、淡淡的伤感与幸福。正是这样的时刻让我感到自己在真正地生活。

而对有些人来说，这种感觉可能很奇怪。为什么我们要一遍又一遍地重温那部电影，没完没了地听那首让我们忆起童年的歌，一次又一次地回想曾去过的地方？因为对于高敏感者来说，这是一种保持平衡的方式，一种重新汇聚精神的方式。另外，别人的评判真的那么重要吗？还是善待自己更重要？

"他们会一直批评你，说你的坏话，你很难找到一个真正喜欢你原本样子的人！所以，认真生活吧，遵从你的内心，按它说的去做，生活就像一出没有彩排的戏：歌唱吧、跳舞吧、尽情欢笑吧，在无人喝彩的剧终之前，你要充实地过好生命中的每一天。"

——查理 · 卓别林（Charlie Chaplin）

静心的治疗价值

"你的缄默沉静如同点点繁星，遥远而坦诚。"

——巴勃罗·聂鲁达[①]（Pablo Neruda）

静心时刻，对高敏感者来说，是必不可少的，这是一种解除潜意识痛苦的方法。放弃它们意味着失去我们本性的重要组成部分。在我承受压力的特殊时期，我深深地感到我多么需要与自己独处，我需要以这种方式赢得应对压力的力量。

静心和独处是我获得安宁、生产力和幸福的源泉。当今社会，渴望独处和静心的时刻仿佛是错误的。但我却认为，拥有能够与自己深入接触的时刻至关重要。

① **译者注：** 巴勃罗·聂鲁达（1904—1973），智利当代著名诗人。

当我辞职创业的时候，我体验了静心、孤独（积极的一面）和自主。以前，我总是忙这忙那，没有时间思考，从某种程度上说，我错过了自己。之后，我居家工作，于是有了完全属于自己的节奏、空间和时间。这一切刚好发生在新冠疫情时期，作为一名优秀的高敏感者，我没有逃避，而是置身其中，勇敢地面对这一阶段的巨大变化。在经历了最初的一段艰难时期之后，我完全找到了平衡：我能够接待好我认为适当数量的来访者，能够创造更独立的节奏，以及能够拥有那些不可或缺的独处空间。我为自己量身定做了一种工作方式。

这正是前几天我和一位来访者谈论的内容。她也是一个高敏感者，她非常需要自己的空间，并正在努力改变自己的生活。多亏了她的婆婆（也是一个高敏感者），她找到了一份适合自己的工作——在一间绿树环绕的漂亮小屋里，她能够以尊重自己需求的、更加舒缓的节奏工作。当我们视频通话的时候，她向我展示了这个奇迹：在一个整洁有序、与自然接触的环境中，她得以拥有平静祥和与宛若新生的生活。

我知道你在想什么——对我来说，找到独处的空间是不可能的。嗯，我和我的家人住在一套两居室的公寓里，所以我能理解你的想法。但是，我可以告诉你，即使在困窘的情况下，你也依旧可以开辟出一个独处空间。也许它就是你自己的床，你只需戴上防噪耳机，就可以享有与灵魂独处的空间。

我讲这些，并不是说高敏感者不喜欢在公司工作，只是高敏感者需要更多的时间与自己保持联结，才可以满血复活，重获新生。

我记得所有那些我因为在聚会、晚餐、会议或者治疗后，本能地寻求10分钟完全独处的时刻而感到的内疚。每当你因为想要独处而感到内疚的时候，要想着这是一种恢复活力的方式，是一种为自己排毒的方式。

只有真正了解我的人才知道我就是这样的。我可以付出很多，但我需要自己的空间。正是由于这些空间，我才成为今天的我，我对此感到满意。我如我是。

负面情绪与流沙

你听说过流沙吗？你肯定在某部电影中看到过，非常可怕，你越是想要摆脱，就越会深陷其中。不过，有一种方法可以摆脱它：你只需仰面躺下，就好比是一动不动地漂浮，然后慢慢尝试靠近坚实的大地。然而，实施这一策略需要你极为冷静并拥有极大的勇气。

负面情绪也是如此，我们越是企图与之抗争，就越会被其吞没。但是，正如我们所看到的，有一种方法可以避免陷入其中：保持静止，接受负面情绪的存在，并尝试漂浮。这样，负面情绪就会慢慢离开。

正如 ACT 治疗中所说，我们应该试着想象有一种“战斗开关”，只需将其关闭，并采取一种“温和”的方式，你就可以不战而胜。不需要试图阻止负面情绪，而是接纳它们，因为只有这样，它们才能自行散去。它们是无法被躲避的，但将会仅仅是“干净的痛苦”。我们每个人都会在生活中遭遇负面情绪，然而，当我们加上“肮脏的痛苦”时，我们将会以一种更强烈、更广泛的方式体验同样的负面情绪，也因此会更加痛苦。只有接纳，我们才能赋予每种情绪与我们正在经历的时刻一致的适当权重。因为当你知道你的价值观是什么的时候，你才会知道你为什么会有这种特定的反应。

我的一位来访者失去了她深爱的小狗，小狗陪伴她多年，她很绝望、很害怕、很伤心，非常担心在自己身上也可能会发生些什么。当然，这些都是与她的价值体系一致的非常合理的情绪与感受——对动物的爱、亲情、信任、友谊。所有这些情绪都不应该被隐藏，不应该被评判，也不应该被认为是矫揉造作、虚张声势；相反，它们应该被善待、被体验、被接纳。当我们将它们与我们的价值体系联系起来而评判时，我们正在以某种方式，在自然合理的“干净的痛苦”之外增加一种“肮脏的痛苦”（内疚、不够好、各种依附）。

谈到动物——这是我特别喜欢的话题——我想给你们讲一则逸事。几年前，我和我的未婚夫（现在是我的丈夫）住在一间一居室的公寓里，我的一位来访者——一个小男孩的妈妈——送给了我一份绝妙的礼物：两只金丝雀，名叫米莉和奇科。许多天来，它们美妙的歌声一直陪伴着我们。但是，因为我们住在一个只有几扇窗户的小房子里，我们不得不把它们转送给我丈夫的祖父母，他们以极大的爱心与热情细心照料它们。有一天，当我结束 ACT 课程回来的时候，我丈夫告诉了我一个令人悲恸的消息：两只金丝雀都死于突然来袭的高温。在那一刻，我感到了深切的痛楚。无论是我，还是我丈夫，我们都接受了这份痛苦，这符合我们的价值体系，其中包括对动物的爱。后来，在我们的婚礼上，还是那位妈妈又送给了我们一对超大的钻石鸟[①]，它们的名字是诺布和阿吉。我和我丈夫与它们有着不可思议的互动——我实在无法解释，但我向你保证，我们真的在交流。所以，爱宠物的 HSP 朋友们，你们并没有什么好羞愧的，和它们一起度过祥和而又充实的每一刻吧！我从很小的时候起，就和各种各样的动物有着特殊的联结和深入的交流，所以我完全理解你们。它们跟我们一样，它们不仅仅是陪伴我

①**译者注：**钻石鸟（Pardalotus），只分布于澳大利亚，有七八种，其中大部分种类的黑色背部闪烁着宝石状的白毛，所有种类均体小而尾呈短截状。拉丁学名 diamondbird。

们的宠物，更是家庭一员。

“你可以从一个人对待动物的方式了解他的心。”

——伊曼努尔·康德[①]（Immanuel Kant）

①**译者注：**伊曼努尔·康德（1724—1804），德国哲学家、作家，德国古典哲学创始人，其学说深深影响近代西方哲学，并开启了德国古典哲学和康德主义等诸多流派。他被认为是继苏格拉底、柏拉图和亚里士多德后，西方最具影响力的思想家之一。

你小时候都学到了什么？

“别哭。”

“你太敏感了。”

“你反应过度了。”

“是你的错，因为你太固执了。”

“世界不是围着你转的。”

“你总是以自我为中心。”

“你的脸皮儿太薄了！”

“你太容易累了。”

如果你是一个高敏感者，你可能会经常听到这些话。也许有些话是爱你的人为了帮助你变得更好才说的，虽然他们想让你感觉与众不同，但他们也在某种程度上给你贴了标签。

感谢大脑！

花几分钟时间想想上面的这些话，再想想在你小时候，他们对你重复最多的话，然后把它们写在下面。

1. ______________________________

____

____

2. ______________________________

____

____

3. ______________________________

____

____

4. ______________________________

____

____

5. ______________________________

____

____

对我们的情绪做出判断，无论将这些情绪定义为积极的还是消极的，对我们的成长道路都并无益处。我们越是给一种情绪贴上消极的标签，越试图摆脱它，它就越难离去。相反，我们要与这种情绪和解。最好用一种更超然的态度——重复诸如“这只是一个想法……”或者“感谢大脑！”之类的话语。

如果我们正在经历一种非常强烈的情绪时，可以试着问自己：“我对这种情绪的想法有助于我的内心成长吗？”

给你的情绪增加额外的负担只会让你感觉更糟，并且会妨碍你推进问题解决的步骤。

扩展技术

扩展*是源自 ACT 的一种治疗技术，它帮助我们在不压抑情绪的情况下管理情绪，它教我们如何处理自己的想法。要做到这一点，重要的是避免“评判”，信赖“客观”经验。事实上，在 ACT 治疗中，区分了“思考我”（我们的评判）和“客观我”（未被评判的现实）。这使我们能够直接体验我们的情绪，而不是被我们评判的过滤器过滤过的情绪。扩展练习意味着远离“思考我”，从而看到情绪的本来面目。

我先举个小例子：“客观我”望着落下的雨滴，并确认它的存在，而“思考我”将这一真实事件与一系列负面情绪联系在一起（落雨令我伤感、天气将会变得越来越糟……）。因此，我们将以更加消极的方式体验这一事件。

在练习扩展技术的时候，“思考我”仍然会通过自己的评判探头探脑，并试图制造干扰。因此，我们要试着接纳这些小小的干扰，以避免感觉更糟。

让我们看看具体如何实施。

4 步扩展

扩展技术包含 4 个步骤：①观察自己的情绪和感觉；②深入体会它们；③为它们腾出空间；④允许它们的存在。

- 第一步：观察。观察你正在经历的每一种情绪和感觉。用心感受身体的每一个部位，从头部开始，直到每一个脚趾，进行缓慢而有意识的呼吸。在这个过程中，你可能会感受到身体某些部位似乎更僵硬或更紧张。把注意力集中在这些地方。如同一名满怀好奇且一丝不苟的科学家，你要对每一个部分都给予应有的关注。

放松并呼吸！

要想练习扩展技术，有必要先从练习呼吸开始。你也可以将以下导语录制好，以便用作练习指引。

找一个安静放松的地方，让自己舒服地坐好。试着做 10 次深呼吸，每次吸气和呼气都数到 5。吸气时，胸部膨胀，肩膀放松，得到能量；呼气时，胸部收缩，停留几秒，再次吸气。如果这时有一些念头冒出来，你要知道这是很正常的，你可以尝试把它们想象成你家窗外快速驶过的各款汽车，你没必要对它们给予太多的关注。慢慢地、轻轻地回到你的练习中。如果这些想法还在不断闪现，那就稍稍点头打个招呼，就像你在山里徒步时遇到旅行者的情形一样。回到你的练习，回到你的呼吸，花充分的时间来完成这个练习。

- 第二步：呼吸。缓缓地深呼吸，因为这会降低身体的紧张程度。试着深入体验这种感觉。
- 第三步：创造空间。深呼吸，在内心创造一个你的情绪和感觉可以自在流动的空间。
- 第四步：接纳。任由那种情绪或感觉飘在那里。如果有什么想法出现，那就先谢谢你的大脑，然后继续观察。每当你感到有想要对抗这种情绪的冲动时，就认可它，然后再把注意力集中到那种情绪上。不要试图修正或消除它。如果你还需要几分钟，不要着急，就顺其自然地在这种情绪中停留所需的时间。

像做所有事情一样，重要的是实践。每当你面对不愉快的情绪和想法时，就可以按照这 4 个步骤进行练习。

你越是试图摆脱心魔，它就会变得越强大，越可怕。

那些多余的想法

“我必须摆脱时间，活在当下，因为如果没有这美妙的此刻，便没有时间。”

——阿尔达·梅里尼[①]（Alda Merini）

有时候，“思考我”会出现得过于频繁和累赘，成为多余的想法。它会在我们讨论的时候、上课的时候、和某人愉快聊天的时候来打扰我们，破坏或阻止我们的充分体验。多余的想法可以是各种各样的，也许很多时候这些想法与恐惧、焦虑、担

① **译者注：**阿尔达·梅里尼（1931—2009），生于米兰，是意大利最有名、最广受赞许的女诗人之一，22岁时出版了第一部诗集《俄尔普斯的存在》（*Lapresenza di Orfeo*）。

忧、待办事项有关。

“思考我”就像一台时间机器，转瞬，它就可以让我们重温过去，或者把我们投射到假想的未来。

然而，与当下联结才是根本，只有这样，我们才能真正地活在当下。否则，就像戴着墨镜看我们最喜欢的电影，或者像戴着耳塞听音乐——积极的情感体验只体验到了一半。

只有通过行动，活在当下，我们才能过上充实、丰盈和有意义的生活。

正如 ACT 治疗中所表明的（以下这些是基础）：

A：接纳你的情绪和感觉；

C：与价值联结；

T：将价值转化为行动。

联结是什么意思呢？它意味着活在当下，尽情享受此时此地。例如，陪你的孩子一起玩，任凭自己被那一刻的甜蜜与喜悦感动；到户外散步，和你的猫或狗一起玩耍；等等。如果出现了一些沉重的、多余的想法，你就把它们当作那些“驶过的汽车”。

本章要点

- 许多想法大都来自我们过去形成的思维模式和方式。
- 想法不是现实，而是假设，是我们讲给自己的故事。如果它们能让我们感觉更好，那就留着吧；但如果它们没有朝着让我们成长的方向发展，那就有必要学习如何把它们解决掉。
- 认知解离可以使我们“抽离”，也就是说，与那些不利于我们真正成长的想法保持距离。
- 负面情绪就像恶魔，我们越是试图逃避，它们就越会来找麻烦。
- 扩展技术允许我们接纳所有的情绪，这样我们就可以体验“干净的痛苦”，而不是“肮脏的痛苦”。

第 7 章

改善策略

积极的晨起

一日之计在于晨，好的开始是成功的一半，诸如此类的谚语和俗语有很多，事实上也是如此，要想感觉更好，如何醒来是关键。这就是为什么我认为认真思考如何开启新的一天对于让每一天都成为真正的好日子、积极的一天来说至关重要。说到这儿，其实是一本书改变了我的生活——哈尔·埃尔罗德（Hal Elrod）的《早起的奇迹》（*The Miracle Morning*）。当然，有一点我得说明白，并不是说从那天起，我就每天凌晨 5 点起床了——尽管我确实试过，但似乎并不适合我。我选择了一个中间策略，我会起得更早，但不会在我根本无法接受的时间。我需要每晚至少睡 8 小时，这可不能含糊；否则，第二天我看起来就像个僵尸，而这肯定不是拥有积极的一天的正确打开方式。不过，话虽如此，通过一些练习（由我通过 ACT 的整合并加强的练习）修复良好的睡眠–睡醒节律，能够让我们以符合我们价值观的方式开始新的一天。事实上，在清晨采取的一系列举措有助于我们拥有一个良好的开端。正是“晨起练习”使我彻底改变了自己的生活，并全身心地投入了 @psicobenesserealfemminile 项目中。

哈尔·埃尔罗德和他的《早起的奇迹》

哈尔·埃尔罗德 20 岁时遭遇了一场严重的车祸，他在驾车途中被一辆时速 130 千米的汽车撞到，那个驾驶员当时喝醉了。哈尔的心脏停止了跳动，他在临床上死亡了 6 分钟。心跳恢复后，哈尔又昏迷了将近一个星期。当他再次醒来时，医生告诉他，他再也不能走路了。

在度过了绝望的几天之后，哈尔决定，虽然无法改变现状，但他可以改变自己的应对方式。于是，他开始专注于做什么可以获得幸福。他选择进行晨起练习，也就是每天早上做有益健康的 6 个小活动，内容虽然简单，但结果却出乎意料。哈尔选择了以下几项活动，每项用时 10 分钟：

- 静心、冥想；
- 阅读；
- 积极自我肯定；
- 内心演练，想象想要的目标和目的；
- 写作和感恩练习；
- 身体锻炼。

这 6 项活动成为他个人成长的决定性因素。幸运的是，他的身体开始产生积极的反应，这令医生惊讶不已。今天的哈尔·埃尔罗德不仅恢复了行走能力，而且他还拥有了一个幸福的家庭，并已经成为一位著名的励志演说家、一个成功的管理者，甚至是一名马拉松运动员。

提前醒来

不幸的是，许多人已经习惯了单调、重复的生活。我们有时也会忘记了自己，忘记了什么是对我们有价值的东西，也会因把自己隐于幕后，而迷失了我们所做事情的真正意义。但我们必须小心，因为对于我们这些高敏感者来说，从长远来看，这可能是极其有害的——我们将失去能量，感到空虚。

因此，把闹钟提前 40～60 分钟，养成晨起习惯，有助于加快我们成长的步伐。

让我们来看看提早醒来的好处：

- 降低压力水平；
- 可以在静心中度过专属于自己的时光；
- 建立良好的睡眠－睡醒节律；

- 改善健康；
- 提高生产力；
- 有时间、有方法将我们的价值转化为变革。

早起并感觉良好的小技巧

要知道，当你正躺在舒适、宁静、温暖的床上时，起床确实是一项艰巨的任务。所以，这里列出了一些我们可以立即用起来的小技巧：

- 把闹钟放在离床较远的地方，这样你就不会再去想推迟闹铃了；
- 先喝一杯水，再用冷水洗脸，然后立即刷牙；
- 穿上运动服或舒适的衣服，快速做好运动准备。

起床的一个目的：找到你的 Ikigai

日本人认为，每个人都有自己的Ikigai[①]，也就是说，每个人都有自己的人生理由。Ikigai，可以说是一系列因素的集合，也就是你喜欢什么，你能做什么，别人认为你能做什么，以及你能得到的收获。一个明确的 Ikigai 可以使我们更平静、更快乐、更满足。头脑中有清晰的价值观与目标有助于令生活变得更加充实。当然，保持一种健康的生活方式，做一份尊重我们高敏感性的令人满意的工作，拥有一个良好的人际关系网络，这些都可以极大地提高我们的生活质量。也许当你读到我的这些话时，会嗤之以鼻，因为在你看来这些似乎都太显而易见了，可同时又都难以实现，但我可以向你保证：其实有很多机会可以找到尊重你之所是的空间。比如，互联网创造了各种各样的新

①**译者注：** 日语词汇，直译过来叫作“存在的原因”。在日本文化里，人们相信，每个人的 Ikigai 都是独一无二的。Ikigai 不等同于职业、喜好等具体概念，它的内涵更为丰富和多元。一旦你发现了那个专属于自己的 Ikigai，你就能获得人生的满足感，找到自己存在的意义。怎样才能在繁杂的工作与日常的琐事中找到 Ikigai 呢？日本学者认为，Ikigai 涉及四个概念：你所钟爱之事、你所擅长之能、你所必履之责、你所营生之业。“钟爱之事”与“擅长之能”的交集是“激情”（passion）；“钟爱之事”与“必履之责”的交集是“使命”（mission）；“必履之责”与“营生之业”的交集是“天职”（vocation）；“营生之业”与“擅长之能”的交集则是“专业”（profession）。换句话说，激情、使命、天职、专业，四者的交集即 Ikigai。

型工作机会。当然，如同做所有事情一样，投入大量的初始努力极为关键，学会管理你的“恶魔”也同样重要——当我们扬帆起航，穿越生命之海，朝着对我们来说具有真正和重要意义的航向前进的时候，这些“恶魔”正隐藏在航船上的某个角落。

正如我总是不厌其烦地说的那样，那些已经开始心理治疗，或者想要打造自己的人，都是勇敢的人，因为他们不怕走出舒适区（comfort zone），不怕在自己最脆弱的部分努力耕耘，不怕进行深层次的自我探究。

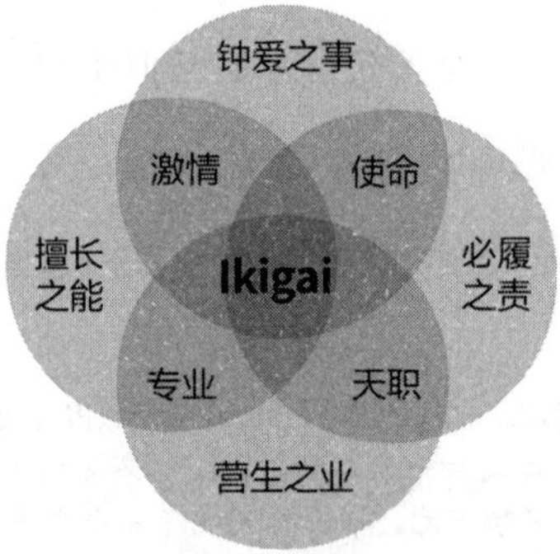

一旦你确定了你的价值观，并明确了你的 Ikigai，你也会更容易提早醒来，因为你知道你想做什么，你将在你的内心找到“伟大的目标”，即你的生命目标。那就让我们立刻开始聚焦于

你的目标和价值观吧。

确定你的目标和价值观

写下对你来说最重要的 5 个价值观：

1. ____________________

   ____

   ____

2. ____________________

   ____

   ____

3. ____________________

   ____

   ____

4. ____________________

   ____

   ____

5. ____________________

   ____

   ____

现在，写下你希望在未来 6 个月内实现的 5 个目标：

1. ______________________________

____

____

2. ______________________________

____

____

3. ______________________________

____

____

4. ______________________________

____

____

5. ______________________________

____

____

让我们再稍微拓宽一下视野，请你回答以下问题：

- 你如何看待 10 年后的自己？

____

____

____

____

- 你希望 10 年后实现哪些目标？

____

____

____

____

____

睡个好觉的小技巧

到这里，你已经确定了你的目标、你的目的，以及你早起的动力，现在就只差实践了。

但在开始之前，还有一件事不容低估。那就是，要早起的人必须先睡个好觉。

所以，我在这里列出一些简单可行的小技巧，以确保你拥有真正高质量的睡眠。

- 至少睡前 1 小时内，避免接触任何电子设备（手机、电脑、电视）。
- 至少睡前 10 小时内，不喝咖啡。
- 晚餐与睡眠之间至少间隔 3 小时。
- 睡前泡个澡或冲个热水澡。
- 睡前花几分钟进行拉伸和正念练习。
- 睡前调低灯光强度。
- 如果你难以入睡，那就做 10 次深呼吸练习（详见第 6 章“扩展技术”）。

积极一日的 8 个练习

现在，你已经聚焦于自己的动力，并熟悉了一些技巧，你已经做好开始行动的准备了。以下这些是你需要养成的习惯，以便每天将你的价值转化为变革。拿出一个小笔记本，在做写作练习时，你将会用到它。

你可以从任何一个你喜欢的练习开始，记住，你可以根据自己的需要灵活地调整这些小练习。

21 天带来改变

保持你的动力并养成一个新习惯并不容易。不放弃、不灰心，是关键！需要多长时间？研究表明，要想养成一个新习惯，使之成为我们日常生活的一部分（如刷牙）至少需要 21 天。如果某一天你错过了，也不要对自己太苛责，而是应该温和地接受这个小意外，并努力在接下来的日子里恢复。

10 分钟正念

花 10 分钟倾听自己的身体。你可以使用我将在下一章讲解的正念练习，或者第 6 章“扩展技术”里面分享的 10 次呼吸练习。

积极肯定

试着弄清楚自己将来真正想做什么，从给自己一些小小的赞美开始。如果这对你来说非常困难，那么你可以摘抄一些充满智慧的短语或格言。

梦的转录

梦对心理治疗有一定的作用。虽然我不是一个精神分析学家，但我为我的来访者创造了一个小空间来开展这项活动——我认为这很重要，因为它可以将我们的恐惧、情感和体验呈现出来。如果你还记得你的梦，那不妨在你醒来的时候把它写下来，并问问自己这些问题：

- 在那个梦之后，我是如何醒来的？我经历了哪些情感体验？
- 那个梦告诉了我什么？

你无须给出一个心理学解释，只需记录内心的感受。

如果你正在接受心理治疗，你可以分享给你的治疗师。

内心演练

我们小时候常常这样做：想象，做白日梦。然而，随着年龄的增长，这一切都慢慢消失了。

就我个人而言，我觉得自己真的很幸运，因为我从未停止过梦想，我总是通过“影像画面”看到我想要的东西。

正如我们在维克多 · E. 弗兰克尔的例子中所看到的：即使是在最痛苦的情况下，想象也能让我们知道我们的未来应该走向何方。

那么如何进行“内心演练”呢？

- 舒服地坐好，闭上眼睛。

- 开始想象你希望实现的目标。
- 尽可能想象每个细节，包括你在实现这一目标时可能感受到的每一种感觉和情绪。

身体锻炼

几分钟的瑜伽，普拉提，跟着 YouTube 做的一系列练习。几分钟的身体锻炼就可以提高你的能量水平，改善你的健康状况，增强你的自信，提高你的专注力。

虽然只需要 10 分钟就好，但当你掌握了恰当的节奏，就很容易做得更多——每天至少锻炼 30 分钟。

阅读和收听播客（podcast①）

通过阅读和收听播客，你可以获得新的技能或增强你已有的技能。于是，你就永远有新想法和新策略，这将有助于你在自己最喜爱的领域发展。每天也只需读 10 页书，如果你对某个主题感兴趣，你就会想读得更多，如此，一年之内你差不多会

①**译者注：** podcast 的中文意思为播客，这一概念来源于苹果的 iPod 产品与广播的英文 broadcast，简单地说，它就是发布在互联网上的音频节目。

读完 20 本书。

每天 3 个目标

记录下你一天之内的 3 个主要目标。先从不太费事的目标开始，这样你就肯定能够完成（尤其是如果你有拖延倾向）。

感恩

写下 3 件你感恩的事情。要想自己变得更好，练习感恩是必不可少的。在第 8 章中，我将向你说明这种做法对内心成长有多么重要。

学会暂停

日常生活中，总会有一些艰难时刻，有时会让我们感到不知所措。当过度疲劳时，我们的身体就会受到影响，我们的问题就会躯体化。根据伊莱恩·阿隆的说法，我们的疲劳被我们的性格遗传特征（HSP）放大了。事实上，我们神经系统[①]的右侧总是活跃的：每一个信号，每一个变化，每一个刺激，都会引起我们的反应。正因如此，我们的警钟总是被敲响。那么，我们该怎么办呢？

①**译者注：**神经系统（nervous system）是机体内对生理功能活动的调节起主导作用的系统，主要由神经组织组成，分为中枢神经系统和周围神经系统两大部分。

首先，请填写一份由福尔摩斯－拉赫[①]（Holmes-Rahe）编写的压力问卷，问卷如下。

福尔摩斯－拉赫压力问卷

仔细查看每一个条目。最近一年里，你经历过哪些？

- 配偶死亡（100分）
- 离婚（73分）
- 与配偶分居（65分）
- 入狱（63分）
- 亲属死亡（63分）
- 事故或个人疾病（53分）
- 结婚（50分）
- 解雇（47分）
- 婚姻复合（45分）
- 退休（45分）
- 姻亲问题（29分）
- 重大个人成就（28分）
- 配偶开始或停止工作（26分）
- 开始或停止上学（26分）
- 生活条件改变（25分）
- 个人习惯改变（24分）
- 与上司的纠纷（23分）
- 工作时间或工作条件改变（20分）
- 搬家（20分）

①**作者注：**《近期体验表》（*Schedule of Recent Experiences*），福尔摩斯－拉赫（Holmes-Rahe），《社会再调整评定量表》（*SRRS-the Social Read justment Rating Scale*），《身心研究杂志》（*Journal of Psicosomatic Research*），1967年第11卷，第213～218页。朱塞佩·梅洛（Giuseppe Maiolo）译。

- 家人健康问题（44 分）
- 怀孕（40 分）
- 性问题（39 分）
- 家庭增加新成员（39分）
- 工作调试（39 分）
- 经济状况改变（38 分）
- 好友死亡（37 分）
- 职业改变（36 分）
- 婚姻纠纷（35 分）
- 新增抵押贷款（32 分）
- 偿付抵押贷款（30 分）
- 工作职责改变（29 分）
- 子女离家（29 分）
- 子女转学（20 分）
- 休闲活动改变（19 分）
- 宗教活动改变（19 分）
- 社会活动改变（18 分）
- 小额贷款申请（17 分）
- 睡眠习惯改变（16 分）
- 家庭习惯改变（15 分）
- 饮食习惯改变（15 分）
- 假期（15 分）
- 圣诞节（12 分）
- 轻度违法违规（11 分）

计算总分。小于 150 分：轻度压力。150～300 分：中等压力。超过 300 分：重度压力。如果你的压力水平处在中、重度，那么为避免情况恶化，是时候该暂停，去休息一下了。如果你的压力水平正显著上升，心理治疗可能会很有帮助。

只为今天

现在，我想向你介绍西比尔·F. 帕特里奇（Sibyl F. Partridge）无与伦比的人生冥想。将“只为今天”的 10 个日常冥想作为“改善计划”的指引，这对我们 HSP 尤为有效。

1. 只为今天，我要很快乐。这一点预设亚伯拉罕·林肯（Abraham Lincoln）所说的是正确的，也就是“大多数人所获得的快乐，跟他意之所向相差不多”。幸福来自内在，而不是来自外在。
2. 只为今天，我将调整自己以适应现状，而不是试图调整一切以符合我的愿望。我会带着我的家人、我的工作和我的运气一起适应。
3. 只为今天，我会照顾好自己的身体。我会让它保持健康，我尊重它、滋养它，而不是滥用它、忽视它，这样它就可以成为一台可完美满足我心之所向的性能优良的“机器”。

4. 只为今天，我将强化自己的头脑。我希望学到一些有用的东西。我希望阅读一些需要付出努力、思考和专注的东西。

5. 只为今天，我将修炼我的灵魂。我会通过三件事来做到这一点：我会在不让任何人知道的情况下，默默地做一件好事；我会像威廉·詹姆斯[①]（William James）所建议的那样，做至少两件通常我不想做的事，“只是为了修炼”。

6. 只为今天，我将讨人喜欢。我会注意自己的外表，即使衣着简朴，我会轻声说话，我会彬彬有礼，我会慷慨赞美，我不会批评他人，也不会指责他人，更不会试图去约束或改变任何人。

7. 只为今天，我会限制自己活在当下，而不再奢求一次性

①**译者注：**威廉·詹姆斯（1842—1910），美国心理学之父，美国本土第一位哲学家和心理学家，也是教育学家、实用主义的倡导者，美国机能主义心理学派创始人之一，亦是美国最早的实验心理学家之一。

解决所有人生问题。

8. 只为今天，我会制订一个计划。我会写下每小时我想做的事情。也许我不会完全遵循它，但我需要有个计划。这将消除两类问题：匆匆忙忙和犹豫不决。

9. 只为今天，我将独自度过安静的半小时。我会放松下来，思考我所信仰的精神价值，以便更好地看待生活。

10. 只为今天，我将无所畏惧。最重要的是，我不畏惧幸福，不畏惧享受美好，不畏惧爱，不畏惧相信我爱的人也爱我。

改变的秘诀

这里有一些简单而有启发性的话语，可以帮助我们反思，并给予我们如何实现改变的启示。这些诗句是乌拉圭作家兼教育家罗伯托·阿巴迪·索里亚诺（Roberto Abadie Soriano）写的。他 96 岁时，在蒙得维的亚的因帕萨（Impasa）疗养院，将这些诗句交给了豪尔赫·德·宝拉（Jorge De Paula）医生，后者后来将其编辑并出版。

- 健康有序的生活。
- 适度饮食。
- 几乎从不吃药。
- 尽可能，尽力做到，很少生气，或从不生气。
- 锻炼，保持激情。
- 忘记烦恼。
- 新鲜空气，很多朋友。
- 凡事勤思考，平时多用脑。

本章要点

- 良好的晨起习惯使价值转化为具体的行动和改变。
- 积极的一天，以及睡得好和起得早的技巧。
- 评估自己的压力，并学会抽离。
- “只为今天”的计划，源于西比尔·F. 帕特里奇的“十诫”。

| 第 8 章 |

自由做自己

“感恩是高贵灵魂的标志。”

——伊索[①]（Esopo）

我小时候，体弱多病，没有安全感，非常需要有自己的专属空间。我的家人教会了我要尽力看到事物积极的一面，要从跌倒中爬起来，而且还要比以前更加坚强。尤为重要的是，他们给了我一份大礼：允许我可以充分展现我本来的样子。以他们为榜样，我得以获得直面生命中最艰难时刻的勇气。

我的祖母生活在战争年代，从她那里我得到了最重要的教

①**译者注：**伊索（约公元前620年—前560年），古希腊著名的哲学家、文学家。他和法国的拉·封丹、德国的莱辛、俄国的克雷洛夫并称世界四大寓言家。

导——“日拱一卒，但永不停歇”，因为日复一日朝着价值观方向前行的小举动是达成变革的最佳推动力。

直到今天，我 95 岁的祖母仍有很多东西可以教导我。她是一位伟大的母亲，为了让她的儿子学习喜欢的课程，她什么工作都做过。她是一个坚强独立的女人，直到今天，她仍然想独自生活。

1968年，我父亲在那不勒斯费德里克二世大学[①]（Università degli studi di Napoli Federico Ⅱ）学习机械工程，那个年代正处于学生抗议活动、巨大的社会与文化变革、以和平正义的理想为名的斗争中。因此，他呼吸着自由、解放的气息，并将其传递给我。感谢他，我总是能够自由地表达我的想法（当然是在充分尊重他人的情况下）。还要感谢他，让我从未忘记感恩生活带给我的一切美好。

我姑姑对我来说就像第二个母亲。在我的成长过程中，她一直亲密地陪伴我、帮助我、支持我，直到现在，这对我依然重要。

---

① **译者注：** 这所大学在 1224 年由神圣罗马帝国皇帝和那不勒斯西西里国王 Federico Ⅱ（费德里克二世）创建，1978 年 9 月 7 日大学正式以创始人的名字命名。该学校是意大利第一所国属大学，这点就足够使它成为欧洲最古老的一所大学。该大学法学系和文学系具有权威性。

我哥哥不仅是哥哥，也是我真正的朋友。他帮助我找到了我的工作道路，我们还合作过一段时间。他教会了我相互支持的重要性，以及情感的根本价值。

因此，我的家庭对我的爱和对我天性的尊重是极为重要的，我们是一个即使在最艰难和脆弱的时刻也依旧团结友爱的家庭。回顾我的故事，我可以肯定地说：我的家庭是由像我这样的高敏感者组成的。正是因为他们，我天赐的礼物才会更容易被理解和接纳。然而，在一个高敏感家庭中长大也会有一些不足之处：在家里，你会觉得自己被完全接纳，但是，在外面……那里是丛林。最初在外面，当我碰到因我的敏感性给我带来的问题时，面对失望、艰难时刻，以及消极的关系时，我猝不及防。即便在负面时刻，我也从未忘记感恩练习，我总是努力去看到事物的积极一面，在这样做的过程中，我从未低估自己的价值，因为哪怕在最艰难复杂的时刻，我也总是能找到出路。

现在我想问问你：有多少次你也和我一样感觉自己有点儿……太“与众不同”了？

我知道你是特别的、独一无二的，就像一朵珍奇的花。也许你正在经历一段艰难时期，你感到自己不被理解和接纳。这跟我的遭遇一模一样。我想告诉你，你并不孤单。像我们这样独一无二、与众不同的人为数不少。为了帮助你理解这一点，在这最后一章中，我将与你分享一些有益于你内心成长的技巧。

学会说“no”

“yes 和 no——最短、最古老的两个词，却是需要更多思考的词。”

——毕达哥拉斯[1]（Pythagoras）

读这本书，你可以学到一些让自己活在当下的技巧，学会接纳自己非凡的天赋，充分意识到自己的价值，并更加确信自己的道路。然而，还有两件事是 HSP 仍然需要面对并深感畏惧的：对抗和说“no”。这是我们从小就有的“好女孩综合征”。

你一定有很多次，也许有太多次，为了避免冲突，为了平

①**译者注：**毕达哥拉斯（公元前570年—前490年），出生于萨摩斯岛，古希腊数学家、哲学家。

静生活，而说了“yes”。当然，我并不想争辩说“no”总是对的，但总不说“no”，肯定是错的。当这意味着我们将自己置于幕后，我们的价值被他人的需要和要求扼杀时，不说“no”就是错误的。

我明白说“no”有时需要很大的勇气，这就是为什么我们不应该以一种咄咄逼人的方式说“no”，而是应该得体而礼貌地说“no”。除了说“no”，你还必须学会延缓，以便能有时间冷静地决定是否接受某个提议。

当你发现自己处于这种境况时，可以审视以下要点。

- 在接受或拒绝一个请求之前，特别是在需要某种特殊努力的情况下，一定要给自己一些时间考虑，必要时可以是几天。
- 这个请求是否违反你的原则？
- 你是否正处于压力特别大或疲惫不堪的时候？
- 提出请求的这个人是否经常索取，并且总想限制或侵犯你的空间？
- 考虑从WhatsApp中取消双蓝色复选标记[①]，或者也许推

①**译者注：**WhatsApp是一款用于智能手机之间通信的应用程序，支持iPhone手机和Android手机。概括来说，WhatsApp就是国外版的微信。它使用了双蓝色复选标记，即目标收件人阅读消息后，将显示两个蓝色勾号。

迟阅读某些消息。特别是当你知道那一天你会特别疲劳和紧张，并不想马上做出反应的时候。

总有那么一些人，或许出于个人目的，或许出于挑衅，又或许因为缺乏自我平衡，想来耗尽我们的能量。对于他们中的一些人，我们必须以善良和坚定的态度将其排除在我们的交往范围之外。但对于家庭成员、同事，或那些性格不是那么“随和”，但却真正爱我们的人，我们不能那么做。

高敏感女性，因为自己天生乐于助人，所以很难让一切轻松度过。

当你意识到自己过于情绪化了，那就按照我在前几章中教你的方法，为自己留出独处的时间和空间，好好思考一下自己的那些想法。

说“no”或表达异议的三明治技巧

三明治技巧是一种沟通技巧，主要用于在职场说“no”或拒绝某个请求。在我看来，在所有的沟通技巧中，它是最有效的，因为它非常简单、清晰，而且直奔主题。因此，拒绝或异议将以下列方式表达：

- 积极的信息（面包）；
- 拒绝或异议（肉）；
- 用赞美或感谢作为结束语（面包）。

这样，对方就不会感到受伤，更不会感到被冒犯。而你自己，在说“no”的时候也不会觉得非常内疚。

以下是一些积极信息的示例，你可以使用它们来伴随你的“no”。

- 谢谢你想到我。
- 谢谢，这个提议非常有意思，但今天我确实不行。也许下次吧。
- 我最近工作非常忙。等我忙过这阵儿，咱们好好聊聊这个话题。

说“no”从来都不容易，因为它会让你产生一种负罪感。然而，请记住：维护自己的空间对你的健康是极为重要且有益的。令人惊奇的是，通过让自己重获新生，你也能给别人带来更多的能量、动力和积极性。

果敢自信对话的重要性

“有价值的沟通会让每一段关系都变得更好。”

——弗朗西斯卡·桑塔玛丽亚·帕洛姆博

我们高敏感女性经常面临的问题之一是沟通困难，我们总是乐于保持沉默。在这种情况下，辩证行为疗法可能会有帮助。

在我详细解释之前，请你先思考一下：你以前遇到过下列情况吗？

- 老板要求你更加努力工作，你总是毫无异议地接受。
- 朋友取笑你，你不懂得设定适当的界限。
- 当别人粗鲁地回应你时，你只是默不作声。
- 别人总是喜欢利用你的高度配合性。
- 你会吃下自己根本不喜欢的食物，只是因为你没有勇气拒绝。

如果以上 5 种情况中，你至少遇到过 3 种，那么你很可能是想寻求别人的认可，而且无法忍受直接的冲突。然而，从长远来看，这类行为表现很可能会带来非常消极的影响。为了防止你的健康所必需的合法空间被践踏，你需要发展和完善的技能之一就是果敢自信，也就是在关系中设定界限的能力，设定不可逾越的边界的能力。果敢自信并不意味着冒犯或不尊重他人，它只是让自己感到自在舒适，与自己的价值体系保持一致，充分觉知自己是谁，以及知道自己想要达成的目标。

果敢自信的人有很好的自我价值感①和自我效能感，所以果敢自信也意味着知道如何说“no”。

DEAR MAN 技术

辩证行为疗法（DBT），是玛莎·莱恩汉②（Marsha Linehan）为治疗边缘型人格障碍和自杀意图而设计的一种认知行为疗法。

DBT 包括个人心理治疗、团体心理辅导、电话咨询，以及

①**译者注：**自我价值感是指个体看重自己，觉得自己的才能和人格受到社会重视，在团体中享有一定的地位和声誉，并有良好的社会评价时所产生的积极情感体验。有此情感体验者通常表现为自信、自尊和自强；反之，易产生自卑感，易自暴自弃。

②**译者注：**玛莎·莱恩汉是美国心理协会（Association for Psychological Science，APS）研究员，华盛顿大学心理学教授兼精神病学和行为科学兼职教授。她还是行为研究和治疗诊所的主任，这是一个研究项目联盟，开发新的治疗方法，并评估其对严重紊乱、多诊断和自杀人群的疗效。她的主要研究方向是行为模型在自杀行为、药物滥用和边缘型人格障碍中的应用。她还致力于开发有效的模式，将基于科学的治疗转移到临床社区。

与心理治疗师团队的合作。

DBT 感兴趣的领域之一是人际效能，旨在学习有效的策略，以更好地管理人际关系。

玛莎·莱恩汉设计了一个首字母缩略词“DEAR MAN”（亲爱的人），即记忆说“no”的 7 个步骤：描述、表达、果敢、强化、保持、表现、协商。

“D”，即 describe，描述：客观地描述和评估事实——“昨天你没有来赴约。为什么呢？”

“E”，即 express，表达：表达你的观点和感受——“所发生的事情伤害了我的感情。”

“A”，即 assert，果敢：通过提出你想要的，或者明确的拒绝来肯定自己——其他人无法读懂你的心思，也不知道你要清楚地提出自己想要什么有多难。

“R”，即 reinforce，强化：通过提前解释后果来强化——通过解释积极影响和消极影响，帮助对方提前考虑积极的影响。

“M”，即 maintain，保持：持续聚焦在你的目标上。即使别人有不同的想法，依然平静而坚定地保持自己的立场——“我理解并尊重你的观点，然而，在这种情况下，我相信我的立场是正确的。”

“A”，即 appear，表现：保持眼神接触和身姿挺拔，尽量表现得自信——在镜子前练习。

“N”，即 negotiate，协商：如果对方不改变主意，那么找到一个妥协方案就很重要了——“我们如何共同解决这个问题？”

DEAR MAN 技术和三明治技巧并非“魔法棒”，但显然它们是改善沟通的良好开端。

重要的是，要学会如何将所学建议付诸实践，以最小的步伐开始行动吧。

练习感恩

“感激之情是爱的能力最明显的表现之一。感恩是与美好事物建立联系、欣赏他人与自己美好的一个基本要素。”

——梅兰妮·克莱因[①]（Melanie Klein）

是的，感恩是一种重要的情感。它能让我们从更广阔的角度看待我们周围的事物，它能提升积极性，降低压力水平，并改善与他人的关系。重要的是，在面对困难的特殊时刻，感恩可以成为一种绝妙的重获新生的方式。

积极心理学认为感恩是令我们得以看到“杯子仍半满”的

①**译者注：**梅兰妮·克莱因（1882—1960），女，奥地利精神分析学家，儿童精神分析研究的先驱。

能力——尽管我们“天生”悲观，但这是一种可以后天培养的能力。在新冠疫情时期，我有幸去看望了我的祖母。不得不说，我能见到她，能花时间陪伴她，能看着她的眼睛，都让我万分感恩和无比幸福。然而，伴随着这些情感，我也因时间的悄然流逝而感到了沮丧，因我们与所爱之人分离后的孤独而感到了哀伤。一想到她独自度过的那些日子，尤其是节日，我就感到分外痛心。

感谢我的头脑，我会努力尝试将这些消极情绪化解。与此同时，我重新集中注意力，认真思考我可以具体做些什么：尽可能多地去看望她，常打电话给她，即便身在远方也要表达我的殷切惦念。为能听到她的声音，能伴她一起度过（即使相隔很远）很多幸福时光而每天感恩。

感恩的益处

坚持做感恩练习将会让你获益匪浅，尤其当你正处于压力或悲伤之中的时候。有些益处是立竿见影的：增强免疫系统和内分泌系统功能，降低皮质醇[①]（压力荷尔蒙）水平，增加催产素[②]（爱的荷尔蒙）。通过积极地实践感恩，并使之成为一种良好的习惯，可以训练大脑进行更积极和有建设性的思考，从而大大减轻我们的焦虑程度。

每天如何练习感恩

- 每天感谢一个不同的人，最好给他写封信。
- 如果有人对你表达了善意，请用微笑表示感谢。
- 在笔记本上至少写下 3 个感恩的想法。你可以选择在每天晚上，或者一天的开始，为你自己“积极的一天”抽出几分钟时间。
- 每天为他人做一件积极的善事，比如一个小小的善举，一句赞美，或者一个微笑。

---

①**译者注：**皮质醇亦称氢化可的松，又称氢皮质素，是从肾上腺皮质中提取出的对糖类代谢具有最强作用的肾上腺皮质激素，即属于糖皮质激素的一种。人在压力状态下，身体需要皮质醇来保持正常生理机能，如果没有皮质醇，身体将无法对压力做出有效反应，所以皮质醇又被称为“人体压力荷尔蒙”。

②**译者注：**催产素即爱的荷尔蒙。当你被他人吸引、与他人产生友好的身体接触，感到安全和信任时，大脑就会释放催产素。拥抱、亲吻和性亲密都可以触发催产素的产生。催产素可以帮助我们信任他人，与他人建立亲密、友好和健康的关系，激发我们对群体的归属感和依恋感。

- 专注于此时此地。注意，在你周围的环境中，所有的细节都会让你感觉你在与自己和谐相处。
- 避免与他人进行比较。如果发生了这种情况，回到自己，专注于自己的价值和对自己来说真正重要的事情。

感恩让我们活在当下，所以不必过多地关注过去或未来。它让我们能够欣赏最珍贵的此刻。

当你一有机会停下来的时候，那就感恩吧，并关注你所拥有的一切。

如果你还没什么想法，那么可以先看看下面这些感恩的例子。

- 感恩我有房子可住。
- 感恩我的家人。
- 感恩我有工作可做。
- 感恩我有水可喝。
- 感恩我有食物可吃。
- 感恩我的宠物爱我。
- 感恩我拥有一份非凡的礼物（高敏感性）。
- 感恩阳光明媚的一天。

感恩 Wi-Fi 无线网络连接，它能让我和我爱的人保持联系。

表达你的感恩之情

写下你此刻想表达的一些感恩之情。

- 感谢____________________________
- 感谢____________________________
- 感谢____________________________
- 感谢____________________________

即使是在最困难的阶段，也要学会欣赏一天之中的积极时刻。这种积极的心理态度可以创建提高幸福感的神经通路。

减压技术

“一个没有紧张的神经和不堪的疲惫的身体是大自然提供的理想避难所，是有能力成功解决现代生活中所有问题的清醒头脑的栖息地。”

——约瑟夫 · 普拉提[①]（Joseph Pilates）

正如心理治疗师妮科莱塔 · 特拉瓦尼提醒我们的那样，HSP 与自己身体的关系可能非常复杂。这是因为我们倾向于对每一个身体感官的刺激都立刻做出反应，而且相较于其他人，我们需要更长的时间恢复平衡。如同在前面几章中所看到的，

①**译者注：**约瑟夫 · 普拉提（1880—1967）是德裔美国健身专家，他发明了“普拉提”。“普拉提”是一种整体训练方法，专注于呼吸、思想和肌肉控制。

我们常常会躯体化。有一些 HSP 与自己的身体融合得极深，以至于他们会感知到每一个哪怕是最轻微的刺激，甚至时常会放大。

减压时刻对于保护或恢复健康至关重要，而体育锻炼是达到此目的最有效的策略之一。

以下是一些可逐步开展的活动示例：

- 瑜伽；
- 普拉提；
- 生物能量体操[①]；
- 姿势体操；
- 物理疗法或整骨疗法（如有严重疼痛）。

以下是坚持这些练习可获得的一些可喜成效：

- 释放压力；
- 与身体重新联结；
- 提升内在意识；
- 对身体更有信心并接纳它。

---

①**译者注：** 生物能量体操的主要目的是重新平衡身心，恢复高度的幸福感和良好的放松水平；此外，它能够锻炼肌肉并增加对体力消耗的抵抗力。

正念助力

另一个非常有效的减压练习是正念。保持专注，聚焦于此时此刻，充分的觉知，是非常重要和有益的。

为此，我向你分享一些简单的正念练习，你可以很轻松方便地把它们融入日常生活。

1. 有意识地觉醒。

舒服地坐在床上或椅子上。做 3 次长长的深呼吸，与自己的身体联结之后，问自己以下问题：

- 我今天的计划是什么？
- 要想照顾好自己，我需要做什么？
- 我如何才能更有满足感和联结感？

遵循你的价值观方向，在脑海中重复你想在一天中做的事情，例如“我想照顾好自己，待人友善……”。

在一天之中，一定要花几分钟进行这种有意识的呼吸。

2. 注意饮食。

注意饮食，也适用于心理治疗，但这是一种并非基于吃什么，而是基于如何吃的饮食方式。

事实上，它聚焦于培养人们慢慢进食的能力，即充分觉知当下，关注每一口食物。

- 在开始用餐前，做 10 次长长的深呼吸。
- 深呼吸后，用心体会自己的身体，尤其胃部。问问自己到底有多饿。仔细倾听自己身体的声音。
- 专注于体会食物的味道、口感、颜色等。

3. 当外面下雨的时候。

倾听雨水滴落时沙啦啦的声音，感受雨滴敲击窗户时滴滴答答的声音，这声音让人心静。待雨过天晴，就出去散步。

4. 当太阳升起的时候。

看看风景。感受阳光如何照亮房屋、花朵和人们。走出去，享受阳光照在身上温暖的感觉，享受鸟儿的歌唱。

5. 关注周围的环境。

关注周围环境的每个细节。关注颜色、声音和气味，并尽可能地精细。

重获新生练习

高敏感者从不会与现实完全脱离，也不喜欢懒散太久。对我们来说，全身心地投入一些事情中是很重要的，比如那些让我们从小就感觉良好的事情，那些与我们的天性一致，并且有意义的事情。

几年前，我在一家公司工作，但在那里，我真的感到不适：我感到与别人不同，我总是感到疏离；到处是空洞肤浅的谈话，除了流言蜚语和平庸见解，什么也没有。"这就是鲍曼[①]（Bauman）所说的液态社会！"我不断地对自己这样说。我觉得事情也许就应该是这样的，世界就应该是这样的。随着时间的推移，我决定离开，但内心仍然有那种不适感和被无数疑惑包围的困扰。

然而，到了某个时刻，我理解、内化，并形成了自己的一个重要概念：高敏感者在寻找与自己内心的价值体系相一致的人。在这样的一个群体中，通过揭示自己的真实本性，高敏感者也可以成为优秀的领导者。

---

①**译者注：**齐格蒙特·鲍曼（1925—2017），出生于波兰，英国利兹大学和波兰华沙大学社会学教授，著有《现代性与大屠杀》《立法与阐释者》《现代性与矛盾性》等。鲍曼用液态性或流动性来描述社会现状，与液态社会相对的则是固态社会，即大工业时代的现代社会。液态社会的主要特征是生产方式的流动性、思维方式的碎片化和行为方式的失范化。他对流动社会的看法主要包括三个方面：一是流动性与速度成为社会分层的决定性因素；二是单一权威丧失，转化为多标准与不确定；三是稳固的社会组织消解，个人流动性增强，工作不稳定。

我小时候觉得自己是美少女战士[1]，然而，在大多数人眼中，我只是月野兔，一个笨手笨脚的小女孩，一个糊涂虫，学习也不好，天真幼稚，心地善良。只有极少数人会认为我是美少女战士和月亮公主。

只有真正接触过我的人才能了解我是谁。今天，我知道为什么我在上学期间会“隐身”，因为很多时候我会因为所谓的“与众不同”而被取笑，而只有在那些真正了解我的人当中，在社交媒体上，我才可以展示真实的自己。就像月亮一样，我会根据时间、遇到的人，以及内心正在经历的阶段，来展现自己光明或黑暗的一面。

“月亮，不要仅仅展现你最好的一面，

你自己很好，你知道什么是爱，

你只相信星星。”

——詹尼·托尼[2]，《月亮》（Gianni Togni，*Luna*）

---

①**作者注：** 20世纪90年代首次在日本播出的动画片，讲述了一个名叫月野兔的小女孩的故事，她因一枚胸针而变成了美少女战士，一个受到月亮保护的、爱与正义的战士。

②**译者注：** 詹尼·托尼（1956—），意大利创作歌手和作曲家。

詹尼·托尼（Gianni Togni）的《月亮》（*Luna*）是一首我在大学期间经常听的歌，我有点儿像歌中唱到的那样。多年后，深谙我真实本性的丈夫把这首歌献给了我。要记住一点：对于我们高敏感者来说，很难有“很多朋友”。当我举办 18 岁生日会的时候，我邀请的 24 位同学中，只来了 15 位。这对我是一个非常沉痛的打击。我那时不受欢迎，因为我太过于“与众不同”了。

看到我如此伤心，父亲对我说：“最美丽的花并不总是被看到和欣赏，但你仍然是最美丽、最独特的花。记住，你的与众不同将是你最大的优势。”

由于我们深刻的内省天性，并且与非常强烈的理想和价值观紧密相连，因此很难妥协。我意识到我必须让我内心的花园繁花似锦，即使我必须独自完成。

一开始，要对一切与我的价值体系相悖的事情说“no”并不容易。然而，面对孤独，我重新发现了自己，并最终投入所有那些对我们高敏感者来说不可或缺的兴趣之中：

- 听音乐；
- 唱歌；
- 观看有趣、轻松的电影；

- 与动物相处并接触自然；
- 阅读；
- 写作；
- 去酒吧、咖啡馆，即使有背景音乐，也依旧可以交谈；
- 绘画，涂鸦；
- 运动；
- 与孩子们玩耍；
- 整理房间；
- 远足；
- 照顾好自己和自己的身体；
- 同像我们一样的高敏感者相处；
- 全身心地投入某个兴趣中；
- 寻找自己的 Ikigai ；
- 进行深刻内省的对话。

如果有一种让你感觉良好的兴趣，那就每天花上几分钟去坚持。这会使你获得让你与自己和他人更好相处的能量。

本章要点

- 高度敏感也意味着需要为自己留出时间和空间来做自己。
- 为了能够表达自己，重要的是要学会按照果敢自信对话的原则和技巧进行有效沟通。
- 为了自我感觉良好，不要忘记每天练习感恩、正念，以及进行重获新生的小练习。

结语

我在这里，带着万千思绪，准备踏上新的旅程。我刚上大学的那日仿佛就在昨天，那时的我对自己选择的道路充满信心，只需一个简单的梦就足以弄清你是不是真的想要，没有人能够、也不应该阻止你。然而，那夜，我却因无数个念头醒来，我被弄得筋疲力尽。我知道，青少年时期的所有确定性都将慢慢消逝，我的一部分已经死去。于是，我哭了。我哭了很久。我以前做过的所有事情都将不复存在。然而，时间不可能倒流。游戏和“轻盈”的阶段已经彻底结束。我感到非常愤怒，不过，这种愤怒只停留在我的心底。

有些事情是难以避免的。它们是生命周期的一部分。在持续地成长变化中，我们要不断经受考验，而我却不想继续前进。我只想驻足一处，凝视流淌而过的波浪，一动不动；我想变得像一根芦苇，虽然细小，但很有韧性，可以抵御任何天气状况。我想，通过达到这个比喻的完美状态，最终，我将会重新找到我自己和我唯一的力量。这就是成长的意义——抛弃固定不动的立场和设定已久的计划。

从我们来到这个世界的那一刻起，我们就经历了抛弃。离开子宫，我们经历了第一次艰难的分离。随着时间的推移，我们学会了采取不同的防御措施来努力保护自己，以使我们能够“好好”生活，至少在表面上是这样。

成长的每个阶段都会遇到阻碍，最可怕的当然是分离，一切形式的分离（情感的、习惯的、既定模式的）。随着岁月飞逝，我们意识到，一些直到昨天还让我们感到快乐的事情，已开始让我们感到紧张而不再适合我们。然而，将自己与直到昨天还令我们感到安闲平和的事物分开，是极其复杂和令人疲惫的。

我们感到一种空虚，一种难以言喻的空虚。这种空虚代表了我们所有的不安全感，有时我们是如此荒唐，以至于我们认为它可以被我们自己之外的东西填补。所以会过分关注一些常常是错误的人、事或想法。我们宁愿认为，是由于某个事件，使我们不能或不应该向前迈进。但如果情况恰恰相反呢？一个缺乏安全感的人很难被爱，因为首先，我们不爱自己。然而，要想爱自己，我们必须踏上一段深入灵魂、直面心魔的旅程。只有这样，我们才能开始用别样的眼光来看待这个世界。

这是最美妙的事情。我们可以创造一条人生道路，一个完全属于自己的世界，但前提是我们必须学会接纳自己。只有真正尊重自己的人，才会慢慢进入那个世界。

就这样，我进入了一个新阶段，处于一个新起点。我知道在我的生命中还会有其他阶段，但对于我来说，这是一个特别的日子，在这一天我开启了与以往截然不同的人生道路。在这条道路上，我将持续蜕变，但在我的内心和灵魂里，我相信我会一如既往地保持不变。

亲爱的女英雄、女斗士，在本书的结尾，我为你们献上我在 21 岁时写下的纷飞思绪，那时我完成了我的学士学位论文，开始关注自我和自我价值的发现，开始意识到我的“与众不同”。从那时起，我开启了一个反思和深刻反省的新阶段。多年后的今天，再次重读它，真的对我产生了一种奇特的影响。也刚巧正是在写完这本书的那一天，我与我的这些遥远的反思再次相遇。我的改变和接纳之路并不容易，尽管如今的我已经收获了真正美丽的果实。

我不知道你现在正处于什么时刻，但有一点是肯定的，如果这本书触动了你的心弦，那么我知道你的内心拥有一个重要的内在世界。我向你展示了我内心世界的一面，我向你分享了所有帮助过我和许多同我一样的高敏感女战士的技巧与策略，我向你讲了一些故事。我希望为你的成长提供一些有益的见解。感谢你阅读本书，感谢你给予我的信任和时间。

借此机会，我向你致以最诚挚的问候，并祝你好运！

让你的光芒永远闪耀。

满怀深情与无限感激
FSP 博士

术语汇编

HSP（Highly Sensitive Person）：高敏感者的英文缩写。

引言 P1

冒名顶替者综合征（Impostor Syndrome）：两位美国心理学家宝琳·克兰斯（Pauline Clance）和苏珊娜·伊姆斯（Suzanne Imes）于 1978 年创造的定义。这是一种表现为虽有才华但却看不到自己优点的心理状况；尽管获得了大量认可，但仍然认为自己不值得取得成功。 **P5**

逃避：这是一种问题防御机制，尤其针对焦虑症，包括逃避所

有令人恐惧、产生负面情绪和不适的情况。 P6

超级英雄疗法：基于 ACT 接纳与承诺疗法的原则，由珍妮娜·斯卡莱（Janina Scarlet）博士研发。每个人都可以成为自己生命的超级英雄，因为我们每个人都曾面对和克服过所遭遇的挑战和障碍。 P8

内化性问题（障碍）：通常难以检测，以过度控制症状为特征。受试者倾向于过度和不适当地控制和调节自己的情绪和认知状态，这些问题在个体内部被发展和保持。 P47

接纳与承诺疗法（Acceptance and Commitment Therapy, ACT）：是一种新的心理治疗形式，属于“第三代”认知行为疗法，是传统认知行为疗法的自然演变。在行动承诺和行为改变策略中采用接纳和正念的策略。 P55

问题解决（Problem solving）：用于分析给定问题，以找到解决方案的一组方法和技术。换句话说，就是能够快速找到应对危机的最佳对策。 P57

眼动脱敏与再加工疗法（Eye Movement Desensitization and Reprocessing，EMDR）：通过眼动进行脱敏和重新加工，是一种用于治疗创伤事件和压力相关问题的治疗方法。 **P67**

非指导性或以客户为中心疗法：这是一种人本主义疗法，强调来访者对自我实现的需求，从而促进其内在潜力的发展。接受没有深入共享的行为或价值会引起人们极大的不适；该疗法的治疗目标是重振每个人所拥有的自我调节的自然能力。 **P112**

慈悲中心疗法（Compassion Focused Therapy）：由保罗·吉尔伯特（Paul Gilbert）在21世纪初开发的一种心理治疗方法，旨在增强对自己和他人的同情能力，以促进个体心理的成长和健康。 **P112**

认知灵活性：能够知道我们的行为是否适合特定的情况，并在不同的环境中采用不同的规则的能力。 **P126**

认知解离技术：是源自认知疗法（ACT）的一种技术，有助于摆脱功能失调的、消极的或不受欢迎的想法，使其不可信，并

阻止其管理我们的生活。 P160

干净的 / 肮脏的痛苦： 干净的痛苦是你所感受到的特别痛苦的事件或情况的结果，它与产生痛苦的条件有生物学联系。肮脏的痛苦是所有那些我们为了感觉不到干净的痛苦而制造的额外痛苦，这是心理上的痛苦，是我们的大脑告诉我们的关于干净的痛苦的一切，它会严重地影响我们的生活。 P163

扩展： 是一种在不压抑情绪的情况下管理情绪的技术——基于接纳并在 ACT 中使用——通过这种技术，你可以学会观察情绪而不识别它们，目的是缓解紧张，并赋予情绪流动的自由。因为每种情绪都有自己的适应功能，并代表对某些特定事件的反应。练习扩展意味着敞开心扉，为艰难的情绪、冲动和感觉腾出空间，让它们通过，而不与它们对抗。 P176

致谢

通常，致谢并不会占据太多篇幅，但我还是忍不住要向在我生命的 34 年里有幸遇到的所有最美丽的人表达感谢。

我把这本书献给我的父亲，感谢他传递给我的所有价值观，感谢他给予我并将继续给予我的非凡的爱，自从我出生的那一刻起，他就总是我的第一个也是最伟大的支持者。

感谢我的母亲，感谢她一直以伟大的爱支持我，并相信我和我所做的一切选择。

感谢我的哥哥，他是我的第一个玩伴，是我最好的朋友，也是我生命中最重要的人。

感谢我的丈夫，从我们相遇的那天起，他就一直尊重我、爱我、理解我。谢谢他一直牵着我的手，并在知道我最需要他的时候握得更紧。

感谢我的祖母和姑母，感谢她们给予我所有的关爱与呵护。

感谢在天堂的爷爷和姑父，我一直把他们珍藏在心底。他们和我永远在一起。

感谢我的表兄弟们与我共度的童年时光——生命中最美妙的时光。多亏了他们的游戏和探险，使我得以在一个奇妙的梦幻世界中长大。

感谢露琪亚，谢谢她一直以来对我的支持，用她最美丽的画作包围着我，并在我生命中的许多重要时刻，如此深情地陪伴我。

感谢约翰·阿图罗，感谢他指引我从一个崭新的不同视角看待世界与生活。

感谢我丈夫的家人，感谢他们从一开始就把我当作女儿和孙女来看待。

感谢我的心理咨询师，指点我凝视我内心世界的光明与黑暗，以及那些我不想碰触的“黑暗地窖”，这让我更加热爱这项工作。

感谢阿莱西娅，我儿时的第一个也是唯一的朋友。

感谢丽薇娅，原因嘛，她知道的。

感谢诺布和阿吉，让我认识到每一种动物都知道如何以真诚和无条件的方式去爱。

感谢真正的友谊，所有那些一直陪伴我直到今日的友谊。

感谢我有幸遇到的所有好同事。

感谢 @psicobenesserealfemminile 的所有追随者。感谢对我的信任。

感谢所有把自己宝贵而美丽的人生故事分享给我，并决定与我同行的来访者。

感谢你们来到我的生命中。我之所以能走到这里都要归功于你们。

我也把这本书献给你，高敏感的女英雄、女战士。我祝愿你相信你自己，相信你的价值观，相信你神奇而美丽的光芒。

我祝福你永远闪耀，并在未来遇到像你一样美丽的灵魂。

满怀深情与无限感激

FSP 博士

参考文献

1. ARON E. 高敏感者——当世界压倒你的时候如何保持平衡[M]. Milan：Mondadori，2018.
2. CARNEGIE D. 如何克服压力并开始生活[M]. Milan：Bompiani，2019.
3. DE SURANY C. Ikigai[M]. Milan：red！，2018.
4. HAYES S.C. SMITH. 别再受苦了，开始生活吧[M]. Milan：Franco Angeli，2019.
5. KOLTS R.L.TCF[M]. Milan：Franco Angeli，2019.
6. MCGONIACAL K. 压力的积极一面[M]. Milan：Giunti，2018.

7. MEAZZINI P. 口袋里有阳光 [M]. Milan：Franco Angeli，2017.

8. MIRALLES H.G.F.Ikigai 的方法——长寿与幸福的日本哲学的秘密 [M]. New York：Rizzoli，2020.

9. ROMAGNOLI G. 注意了 [M]. Milan：Mondadori，2020.

10. RUSS H. 幸福陷阱 [M]. Trento：Erikson，2018.

11. RUSS H.ACT[M]. Milan：Franco Angeli，2018.

12. SCARLET J. 超级英雄疗法 [M]. Rome：Giovanni Fioriti Editore，2018.

13. TRAVAINI N. 敏感者的礼物 [M]. Milan：red！，2018.

14. TRAVAINI N. 给敏感的人减压书 [M]. Milan：red！，2019.

译后记

坦率讲，在拿到这本书的试译任务、粗略地翻看了几页后，倏忽间就有那么一种莫名的笃定，有一种这就是为我而准备的迷之自信。如果说人与人之间有“化学反应”，那么人与书之间也存在同样的感觉。气质相投，便会相互吸引。兴冲冲地提交了这本书的试译稿，1 天之内就得到了确定采用的回复，仿佛一切在冥冥中早已注定（嘿嘿，貌似在自己的所有翻译工作经历中，这还是第一次。当然，也应归功于编辑老师的高效）。

多年来，我一直对心理学感兴趣，不仅读了很多心理学相关的书籍，上了很多心理学相关的课程，而且考取了国家二级心理咨询师，获得了若干个相关领域证书。而这一切似乎都是在为这本书的翻译工作做准备。也因此，在翻译的过程中，没有遇到任何困难，如行云流水般一气呵成。更深感这次的翻译工作就如同跟一位亲密的朋友围炉夜话、促膝谈心，放松自在、舒适惬意，可以说极其享受。而对这本书的字句推敲于我而言也是一个自我接纳、自我疗愈的旅程。

希腊德尔菲太阳神庙上镌刻着那条最著名的箴言：认识你自己。是啊，认识自己，绽放自己，养成健全的人格、成熟的心智，是我们一生的课题。为此，我们需要用心看护好自己的身心圣殿。如同世界上所有的事情一样，“爱自己”，也同样是需要学习的。期待大家也能和我一样在阅读这本书的时候，得以在浮躁喧嚣的世界中，找到那份自在与安然。

在此也感谢万晟彤作为译稿的第一位读者提出的宝贵意见和建议，对编辑老师的大力支持更是心存感激。

黄鑫

2023 年 5 月于上海